RÊVER GRAND

ELSA GRANGIER

RÊVER GRAND

Ces enfants qui s'engagent pour la planète

ÉDITIONS DU SEUIL
57, rue Gaston-Tessier, Paris XIXe

ISBN 978-2-02-144831-3

www.seuil.com

La vie est impatiente, ma chérie.
Ne la fais pas attendre. Vis-la. Et pleinement.

Cette phrase est mon plus bel héritage.
Merci, Maman.

Maintenant, c'est à mes enfants que je la confie.
Tout comme ce récit.

À Antoine, Philippine et Sidonie.
Je vous aime.

Bande dessinée lauréate du concours « Hubert Reeves raconte la biodiversité ».
École Montaigne, Poissy

DÉCLARATION DES DROITS DE LA PLANÈTE ET DU VIVANT[1]

Les enfants d'Europe,

Représentés par 310 enfants de 10 nationalités européennes différentes, encadrés par 27 professeurs impliqués,

Réunis le 27 novembre 2019 au Parlement européen de Strasbourg,

Reconnaissant la relation d'interdépendance entre l'humanité et la planète Terre au sein d'un même écosystème,

Considérant la dégradation accélérée de la biodiversité, des océans, des sols, de l'air et du climat,

Convaincus de la nécessité de respecter la vie sur Terre considérée comme un tout indissociable dans toutes ses manifestations,

Estimant que le temps est aujourd'hui venu pour les êtres humains de vivre en harmonie avec la Terre et avec tous les êtres vivants,

Proclament les droits de la planète suivants :

1. La liste exhaustive des noms des participants figure en fin d'ouvrage.

Article 1er
Notre planète a le droit d'être respectée et protégée par les êtres humains.

Article 2
Notre planète a besoin de la contribution des êtres humains pour prendre soin de sa santé et de ses équilibres écologiques vitaux.

Article 3
Tous les êtres vivants ont le droit de vivre dans un habitat sain et paisible.

Article 4
La diversité des espèces vivantes doit être protégée afin de préserver l'équilibre des écosystèmes naturels et de la chaîne alimentaire.

Article 5
Notre planète a le droit de ne pas être surexploitée par les êtres humains pour satisfaire leurs besoins toujours croissants et pour alimenter une population humaine en croissance exponentielle.

Article 6
Les animaux sensibles ont le droit au bien-être. Les espèces animales nocturnes ont le droit de vivre et de chasser librement la nuit, sans être perturbées par les pollutions lumineuses d'origine humaine.

Article 7
Les espèces végétales, et notamment les arbres, qui produisent de l'oxygène et absorbent le CO_2, ont le droit de se développer et de s'épanouir. Elles ont le droit à la photosynthèse.

Article 8
Les forêts doivent être protégées de la déforestation sauvage. La régénération des forêts doit être assurée par leur entretien et leur reboisement.

Article 9
L'océan, ses ressources et ses écosystèmes doivent être préservés et gérés de façon durable et responsable. L'océan a le droit de rester dans son état d'origine, clair et bleu, et d'être protégé des impacts liés au changement climatique.

Article 10
Les ressources en eau de la planète, qui sont essentielles pour tous les êtres vivants, doivent être préservées de toute pollution.

Article 11
Notre planète a le droit à un ciel de nuit étoilé et préservé de toute pollution lumineuse excessive.

Article 12
Tous les êtres vivants ont le droit de respirer un air pur. La pollution de l'air doit être traitée et éradiquée.

Article 13
Notre planète doit être préservée de l'utilisation abusive du plastique, dont les microparticules se dispersent dans les eaux, l'air et les sols et se retrouvent ainsi dans la nourriture de tous les êtres vivants.

Article 14
Notre planète doit être préservée des déchets que les êtres humains déversent dans la nature. Elle ne doit pas être contaminée par des substances nocives et notamment par celles utilisées dans l'agriculture, l'élevage, la pêche et l'industrie.

Article 15
Les peuples premiers, vivant en harmonie avec la Terre et représentant ainsi un exemple pour la préservation de l'environnement, doivent être respectés, écoutés et protégés.

Article 16
En vue de respecter les droits de la planète, les êtres humains doivent faire un usage raisonné des technologies, dans le respect de l'environnement.

Article 17
En vue de respecter les droits de la planète, les États doivent adopter des politiques climatiques ambitieuses visant à contrôler les émissions de CO_2 générées par les activités humaines, et notamment en matière de transports.

Article 18
Notre planète a le droit d'être représentée pour agir en justice contre toute personne responsable de pollution excessive.

AVANT-PROPOS

Il aura fallu un an pour que Donald Trump dénonce l'accord de Paris de 2015. Il nous aura fallu un an pour fédérer 310 jeunes de 10 pays d'Europe et écrire la première Déclaration européenne des droits de la planète et du vivant.

Nous, c'est le Lobby de Poissy. Car Greta Thunberg n'est pas seule. La jeune Suédoise qui a lancé les « jeudis climat » peut compter sur ses homologues français. Ils s'appellent Soujoud, Maélys, Thomas, Rémy, Osswa, Yasmin, Noémi, Elmezoir, Bilal, Sana, Kati, Houcine, Léon… La plupart ont aujourd'hui 12 ans. Ils habitent le quartier de Beauregard à Poissy et veulent sauver la planète. En octobre 2018, sous mes yeux, ils constituent une junior association en réaction immédiate à la démission de Nicolas Hulot. Ces enfants travaillent, avancent et déplacent des montagnes. Tout cela hors du temps scolaire et avec le soutien indéfectible de leur ancienne enseignante de CM2 : la formidable Anaïs Willocq.

J'ai vu cette jeunesse assise sur les bancs de l'école, soucieuse de comprendre les enjeux environnementaux. J'ai vu cette jeunesse gagner en confiance sous les regards encourageants de leurs pairs et des adultes. J'ai vu cette jeunesse rompre le silence imposé par une déférence obsolète à l'endroit des politiques. J'ai vu cette jeunesse se mettre en mouvement, appuyée par l'énergie du collectif entrer à l'Assemblée nationale avec humilité et détermination. J'ai vu cette jeunesse demander des comptes à un ancien président de la République, interroger un ministre sur les raisons de sa résignation désespérée. Et puis j'ai vu cette jeunesse, nourrie de ces échanges, décidée à saisir l'opportunité qui lui était donnée d'entrer unie et mobilisée au Parlement européen et susciter l'admiration de l'ONU.

En 2015, Laurent Fabius annonçait, non sans émotion, l'adoption unanime de l'accord universel pour le climat à l'occasion de la COP 21 à Paris. Quelques jours après notre sombre journée du 13 Novembre, le monde montrait des signes de solidarité, d'union et de détermination à se préserver. Nous étions émus de cette impulsion globale. Même s'il était fort symbolique, puisque cet accord n'imposait aucun contrôle sur l'atteinte des objectifs qu'il fixait, il permettait l'espoir.

Il aura fallu à peine une année, couplée à l'élection de Donald Trump à la présidence des États-Unis, pour que la table se renverse à nouveau et nous fasse oublier l'émotion collective. La sortie des États-Unis de cet accord a sonné en moi le tocsin. Si l'une des premières puissances mondiales peut faire fi des enjeux écologiques au nez et à la barbe du monde, quand nombre de scientifiques ne cessent de nous alerter sur les risques encourus, c'est que notre impuissance politique est patente, ou notre « j'm'en foutisme » citoyen total. Et si c'était les deux ?

En France, la nomination de Nicolas Hulot au « super » ministère d'État de l'Environnement et de la Transition écologique est apparue comme un appel à se mobiliser pour notre magnifique planète : *Make our planet great again* !

Pourtant, un principe de réalité s'est vite imposé : très peu de place était accordée à l'écologie dans les débats ou dans les programmes télévisés et encore moins dans notre politique globale. Tout cela pour déboucher sur la démission du ministre lui-même, seulement quinze mois après son entrée au gouvernement.

Pourquoi ? Pour des raisons politiques, bien évidemment : de chocs entre lobbies et intérêt général, de pouvoir économique, de modèles étatiques historiques en crise, d'une transition écologique perçue comme trop longue à mettre en place malgré son immédiate nécessité.

Pourtant, quoi de plus universellement évident que de se préoccuper de notre propre survie ? de nos propres enfants ? Pendant des millénaires, celle-ci est passée par notre capacité à assurer notre sécurité, à nous reproduire, à nous nourrir – et aujourd'hui nous sommes devenus une menace pour nous-mêmes, notre pire ennemi. Nous risquons de devenir une espèce en voie d'extinction. Incroyablement paradoxal pour les êtres si souvent égoïstes que nous sommes. Aurions-nous perdu la tête, enivrés par les sirènes de la surpuissance, de la surconsommation et de la propriété ? Ce sont nos manquements, à nous, citoyens, qui sont à questionner : pourquoi dormons-nous depuis si longtemps ?

La jeunesse est notre chance de réveil. Cette intuition, cette conviction, je l'ai depuis toujours. Et si tout passait par l'éducation ? Ma rencontre avec les enfants de ce qui allait devenir Le Lobby de Poissy et leur institutrice m'a permis de l'éprouver avec une intensité que je ne soupçonnais pas.

Ce récit est celui d'une jeunesse qui s'est engagée pour l'environnement. Une jeunesse qui se lève encouragée par des adultes devenus responsables et bien décidés à mettre leurs compétences, leur volonté et leur énergie au service de cette génération.

D'ailleurs, ces enfants se mobilisent déjà, dans la rue, dans les écoles, sur les réseaux sociaux. Ils connaissent les gestes nécessaires à la préservation de la nature qu'il nous a fallu des années à intégrer. Leur conscience s'éveille malgré le brouillard entretenu par des publicités incitant à la surconsommation. Ces enfants incarnent l'espérance, débordent d'énergie pour agir de façon complétement désintéressée et pleinement responsable. Ils sont un nouveau big bang !

Alors, ensemble, nous avons rêvé grand, encore et encore, étape après étape. Et nos rêves nous ont conduits bien au-delà de nos espérances, dans une extraordinaire aventure éducative, citoyenne et politique.

Maintenant, il n'est plus temps d'observer, mais il est grand temps d'agir pour eux. Et surtout, d'agir avec eux. Qu'avons-nous de mieux à faire ?

1

D'UNE CLASSE VERTE À L'ONU, NOUS VOILÀ SUR ORBITE

Quatre mois après la création du Lobby de Poissy, en octobre 2018, les enfants sont invités à l'ONU à New York pour présenter leur initiative.

L'homme n'est jamais si grand
que lorsqu'il se met à genoux pour aider un enfant

Pythagore

19 juin 2019

> Chère Elsa,
> Nous avons hâte de rencontrer le Lobby de Poissy au Forum de développement durable le 9 juillet prochain.
>
> *Maria Lehtinen, chef de projet à l'ONU, New York City*

Ça y est : nous y sommes ! La nouvelle de notre participation au forum mondial pour le développement durable organisé par l'ONU à New York vient de tomber dans ma boîte mail. Le 9 juillet 2019, cet événement réunira plus de mille dignitaires de différents pays et d'organisations internationales. Ils se donnent rendez-vous à New York pour définir les objectifs d'un monde meilleur. Et pour la première fois, l'éducation fait partie intégrante des discussions initialement centrées sur l'environnement et les affaires sociales. Les récentes manifestations de la jeunesse du monde ont prouvé que l'école ne pouvait rester plus longtemps éloignée du terrain de jeu « politique » et « citoyen » que représentent l'écologie et le développement durable. Tant mieux.

Après des semaines d'échanges, d'envois de notes en tout genre, de photos et de revues de presse, l'Unicef, par l'intermédiaire de l'ONU, me confirme son souhait de valoriser l'initiative du Lobby de Poissy. C'est le projet de Déclaration européenne des droits de la planète et du vivant qui les séduit. Il faut dire que réussir à réunir 10 pays d'Europe représentés par 15 classes d'enfants âgés de 10 à 17 ans, animés du même enthousiasme et de la même détermination autour d'un projet aussi inédit que celui de donner des droits à notre Planète, mérite un éclairage international !

Incroyable, le Lobby de Poissy à l'ONU ! Il aura fallu en dépasser des regards tendres, mais souvent ironiques, posés sur ces collégiens par la dizaine de journalistes qui les ont interrogés. Ils ont parfois réduit leur entreprise à une utopie enfantine quand il s'agit d'un formidable appel à notre raison. Les prendre au sérieux, les considérer, les accompagner tout en rappelant qu'effectivement ce ne sont que des enfants, et qu'ils ne sont ni tribuns, ni politiques, ni activistes : tel a été notre travail depuis plus de dix-huit mois avec ces jeunes qui, grâce à l'école, ont décidé de s'engager pour contribuer à sauver la planète.

Le Lobby de Poissy à l'ONU !

Je ne sais pas s'ils réaliseront qu'être invités au siège de l'Organisation des Nations unies représente une reconnaissance inouïe de leur action et une promotion de leur engagement. Je ne sais pas s'ils penseront comme moi aux grands discours dont les murs de l'hémicycle new-yorkais se sont fait l'écho à travers le monde et à travers les temps. Dans ma tête s'entrechoquent des bribes d'allocutions et d'images de moments historiques. C'est le visage d'une autre enfant que ma mémoire convoque : Malala Yousafzai face à l'aréopage des Nations unies. Un an avant de la distinguer pour le prix Nobel de la Paix, l'ONU l'avait conviée pour une tribune d'honneur. C'était le jour de ses 16 ans. Je revois sa force de conviction drapée dans un innocent voile rose pâle clamer avec raison : « Attrapons. Attrapons nos livres et nos crayons. Ce sont les armes les plus puissantes. Un enfant, un enseignant, un stylo et un livre peuvent changer le monde, l'éducation est la seule solution. L'éducation avant tout[1]. »

1. Malala Yousafzai, Discours ONU, 12 juillet 2013.

La jeune Pakistanaise, mutilée par les défenseurs d'un radicalisme ignorant, regarde le monde, droit dans les yeux de surcroît. Sans peur, sans haine. Simplement déterminée. Et la voilà qui appuie chacun de ses mots. Oui, Malala, j'acquiesce et je frissonne. L'éducation avant tout. Et c'est bel et bien l'éducation qui est au cœur de la fabuleuse histoire des enfants du Lobby de Poissy. L'éducation représentée par leur formidable enseignante de CM2 : Anaïs Willocq de l'école Michel de Montaigne à Poissy.

Que de chemin parcouru en dix-huit mois. Je les revois à Barrioz[1], dévalant les collines iséroises, appréciant le ciel lumineux d'étoiles grâce à une classe verte programmée par Anaïs et sa collègue Magali. Je recevais des vidéos de leur découverte du paysage forestier, des traces d'animaux, et de la fabrication du fromage de chèvre. Je me préparais aux premiers jours de tournage du documentaire que je voulais leur consacrer sur le thème : « Les racines de l'engagement citoyen », avec l'intuition qu'elles se trouvaient là, à l'école. Je ne pouvais pas imaginer que notre rencontre nous emmènerait si loin.

Ces jeunes de Poissy reconnus par les instances internationales quand le président Emmanuel Macron lui-même n'a pas répondu à leur demande de rendez-vous ! La vitesse de propagation de leur engagement s'avère proportionnelle à l'urgence qui nous étreint. Et si nous participions à un événement qui allait contribuer à changer le destin de l'humanité ?

Je relis ce mail officiel des dizaines de fois et je mesure la responsabilité qui nous incombe. À nous, adultes, professionnels, responsables. Je réalise à quel point cette initiative m'oblige, nous oblige, tous. Avancer, aider ces enfants à se construire, à mener leur projet le plus loin

1. Dans l'Isère.

possible, et les porter : voilà ce qu'il est indispensable de faire.

J'avais gardé confidentielles mes démarches auprès de l'ONU. Car des ascenseurs émotionnels, des déconvenues, des rendez-vous ratés sources d'immenses déceptions, nous en avions connu. Pour Anaïs et moi, ces moments n'avaient pas toujours été simples à gérer. Alors pour eux, plus que tout, nous étions vigilantes. À 12 ans, les émotions sont vives et le découragement peut vite supplanter une confiance en soi naissante. Comment leur annoncer la nouvelle ? Comment leur dire que le monde entier va connaître leur projet ? Je veux choisir le meilleur moment, le meilleur endroit.

Il fait chaud ce 28 juin, très chaud même. La fondation GoodPlanet, créée par Yann Arthus-Bertrand, nous a invités au vernissage de la première rétrospective du photographe. Depuis la rencontre entre les enfants du Lobby de Poissy et l'écologiste à la moustache blanche, des liens se sont tissés. À événement exceptionnel, cadre exceptionnel. C'est sur le toit de l'Arche de la Défense que les photos du journaliste bourlingueur s'affichent en grand format. Je rejoins d'un pas pressé quelques-uns de mes lobbyistes accompagnés d'Anaïs, de Magali sa collègue, et de Stéphanie, la maman de Thomas. Je monte les quelques marches qui me séparent de Soujoud, Osswa et Thomas. Je jubile déjà en imaginant leur tête quand je vais leur apprendre la *big news*.

Après nos embrassades, nous nous dirigeons vers l'ascenseur de verre. Les regards se figent, inquiets, sous l'effet du vertige dans cette capsule transparente. Rires d'inconfort, mains serrées, yeux tournés vers le sol… tout le monde n'a qu'une idée en tête : arriver au sommet le plus vite possible. Belle métaphore du destin de leur initiative. L'ascenseur ouvre enfin ses portes. Nous voilà dans les dédales de l'exposition. Ils sont les seuls enfants.

Les lobbyistes invités de Yann Arthus-Bertrand

> **La Déclaration que vous voulez écrire a séduit des institutions internationales**

19 h 30 : Yann Arthus-Bertrand arrive pour lancer le discours inaugural de cette première grande rétrospective, puis un violoncelliste entame un morceau de Bach. Osswa et Soujoud filment cet instant hors du temps. C'est beau, mais qu'est-ce qu'il fait chaud ! Dans l'assistance, quelques plaisanteries sur le réchauffement climatique couvrent les notes du prélude. Je ne vois plus Soujoud, ni Osswa, ni Thomas. Je m'approche d'Anaïs qui me fait signe. Osswa est prise d'un malaise. Je franchis une porte conduisant vers une portion de terrasse isolée et je découvre le petit groupe autour d'Osswa. Elle est verte, assise sur une chaise providentielle dans ce désert de béton. Plus question d'annoncer quoi que ce soit. Je pars en quête d'une bouteille d'eau et de quelque chose à lui faire grignoter.

Quelques minutes plus tard, je reviens avec de maigres amandes. Elle semble un peu mieux. Le contraste est saisissant : il fait frais, presque froid sur cette terrasse quand la chaleur du lieu qui accueille de magnifiques images du monde nous a terrassés. Je ne réfléchis plus, c'est le moment. Le moment de leur dire ce qui se trame de l'autre côté de l'Atlantique.

« Osswa, puisque tu as l'air de te sentir mieux, je vais en profiter pour vous annoncer quelque chose. Quelque chose d'important : tu veux bien ? » Un oui timide et fatigué se dessine sur ses lèvres. Tous se rapprochent. Et je vois ces paires d'yeux suspendus à mes mots. « Voilà, la Déclaration européenne des droits de la planète et du vivant que vous voulez écrire est un magnifique projet. Ambitieux et tout à fait inédit. Il a séduit des institutions internationales qui souhaitent le mettre en avant. » Un silence se fait.

« Que nous réserves-tu encore, Elsa ? sourit Stéphanie.
– Bon… vous connaissez l'ONU ?
– Tu parles des Nations unies ? » insiste Anaïs, les yeux brillants.

Soudain, j'ai du mal à contenir mon émotion. Osswa relève la tête. C'est toute l'aventure des derniers mois que je vois défiler devant nous… Tout ce travail fourni par ces enfants de 12 ans et par Anaïs.

« Oui je parle des Nations unies à New York. Je leur ai écrit pour leur expliquer votre projet. Ils ont dit que c'était extraordinaire que des enfants de votre âge aient eu cette idée de Déclaration, et surtout qu'ils la mettent en place avec d'autres classes dans d'autres pays d'Europe. Cela correspond aux mouvements de la jeunesse mondiale qui se mobilise. Figurez-vous que, dans deux semaines, l'ONU organise dix jours de réunions internationales consacrées au développement durable. Ils le font en partenariat avec l'Unicef. Alors, ils m'ont proposé un temps de parole normalement dévolu à l'Unicef pour que le monde entier sache ce que vous êtes en train de faire. Ils nous invitent à New York pour en parler si nous le souhaitons, et…
– NEW YOOOOOORK !!! s'exclament Soujoud et Thomas. On va aller à New York ! »

Cette phrase tourne en boucle comme une tornade de bonheur. Je ne vois plus que des regards et des sourires illuminés. Thomas serre sa tête dans ses mains. Le malaise d'Osswa est bien loin. Soujoud est radieuse. Stéphanie rit à gorge déployée : « Alors celle-là, elle est ÉNORME. » Thomas lâche un : « Je suis choqué ! Non mais New

York ! » J'explique aussi qu'il va falloir trouver un budget pour nous y rendre et que le temps tourne. Anaïs émue m'attrape le bras. « Incroyable ! Poissy à l'ONU ! » Je tente de répondre aux multiples questions qui fusent : On va devoir parler anglais ? Combien de temps reste-t-on ? Qui va-t-on rencontrer ? Comment on prépare ? Je continue d'expliquer la manière dont les choses se sont passées pour en arriver là, et j'aperçois Thomas qui s'éloigne. Il est tellement fier qu'il appelle son père. Quelques instants plus tard, il revient le regard médusé : « Papa ne me croit pas ! »

C'est le 9 juillet et je ne sais pas encore si nous allons pouvoir y aller physiquement. Si c'est impossible, nous ferons une vidéo de trois minutes pour expliquer la démarche. Cette vidéo sera diffusée dans l'hémicycle des Nations unies devant plus d'un millier de responsables de pays du monde entier. Quoi qu'il se passe, ils seront entendus.

Je perçois la joie et l'émotion d'Anaïs et Magali. Ces deux femmes ont les valeurs éducatives chevillées « au cœur ». Alors que le soleil se couche, notre petit coin de terrasse s'assombrit, tout comme les visages d'Osswa et Soujoud. Soujoud s'était exfiltrée de notre petit groupe pour passer, elle aussi, un coup de téléphone. Certainement à Souraya : sa mère. Elle en était revenue avec une mine défaite.

Plus de lumineux sourires sur ces visages d'enfants mais des traits graves et tristes. Quelque chose ne va pas. L'exaltation liée à la perspective d'un voyage new-yorkais à l'ONU a laissé place à l'inquiétude. J'échange un simple regard avec Anaïs qui me glisse : « Je pense que ça risque de coincer à la maison… » En deux ans d'enseignement, elle n'a jamais vu le père de Soujoud et d'Osswa. C'est à Souraya qu'elle avait affaire. Va-t-il accepter que ses filles aillent à New York ? Ce sont les questions que m'adresse le regard des deux jeunes ados. Plus nous parlons concrètement d'une organisation pour cet hypothétique voyage, plus Soujoud et Osswa se désolidarisent, refusant d'être envahies par la frustration, la jalousie et l'injustice qu'elles pourraient ressentir si elles n'y allaient pas. Elles ont tellement travaillé au sein du Lobby de Poissy.

Je me dirige vers Soujoud, et son sourire crispé :

> « Tu as eu ta maman ?
> – Elle m'a dit que c'est trop gros… ça va être compliqué.
> – Écoute Soujoud, je vais lui parler, et puis tu sais, il faut trouver l'argent pour partir. Pour l'instant, savourons le fait que l'ONU ait pris en considération ce que vous faites, ici à Poissy, avec vos petits bras et votre grande implication.
> – Oui, mais New York. Je n'y suis jamais allée. Je ne voyage pas beaucoup tu sais. »

Bien sûr que je sais cela, Soujoud. Si tu savais comme je te comprends. Remontent en moi les souvenirs de l'adolescente que j'étais, elle aussi en quête de liberté. Je revois mes camarades de cinquième partir en voyage scolaire à Londres, ceux de quatrième partir à Rome, et moi, rester au collège à attendre leur retour. Pas toujours simple d'avoir un père ultra-protecteur envers ses filles. Un père immigré qui a tout quitté pour construire une vie ailleurs et qui pense parfois se réaliser à travers ses enfants.

Je prends Soujoud par l'épaule. Il est temps maintenant de profiter de cette émouvante soirée à tous égards. Nous sommes tout de même sur le toit de l'Arche et Yann Arthus-Bertrand n'est pas loin. Un moment unique pour les enfants du Lobby de Poissy invités à cette soirée tout à fait exceptionnelle. Nous quittons le lieu d'exposition des photos pour nous diriger vers la salle du cocktail. Soujoud, Osswa et Thomas grimpent les marches du grand escalier qui nous y conduit. Le vent emporte avec lui les récentes frustrations. Et je vois les yeux émerveillés de Soujoud prendre possession des lieux.

J'ai une pensée pour mon père. Aurait-il imaginé que je me trouverais un jour sur le toit de cet édifice qui avait occupé tant de ses heures de travail (car il en avait conçu le planning de production) et que j'y emmènerais une petite armée de cœurs vaillants née de notre France d'aujourd'hui et prête à sauver l'humanité ? Sur ce toit, devant nous : Paris, fière et offerte. Capitale révolutionnaire, capitale des lumières. Derrière, une immense terrasse baignée des derniers rayons de soleil rougeoyants. Chacun dégaine son téléphone portable et mitraille de photos ce sublime couchant réfléchi sur les centaines de fenêtres des immeubles de bureaux. C'est drôle, on dirait New York.

L'équipée fantastique se mêle aux invités parisiens plus habitués à ce genre d'événement que les collégiens de Poissy. Un DJ mixe pour les convives. Musique, rires et danses cadencent les heures qu'il reste à cette journée. Quelques minutes plus tard, dans la foule venue saluer l'hôte, Yann Arthus-Bertrand reconnaît les enfants. Il les encourage dans leur action. Les enfants lui annoncent que leur projet a été remarqué par l'ONU : il les félicite, heureux des montagnes qu'ils déplacent.

Je rejoins Anaïs à l'extrémité de la terrasse, elle admire la vue. « Regarde, on voit Poissy là-bas ! » La lumière du jour finissant rend le paysage flamboyant. Les nuances de rose orangé drapent l'horizon d'un doux manteau. Pas un nuage à l'horizon. Pas un. Sauf peut-être la réaction de Soujoud. Je me tourne vers Anaïs et lui demande simplement :

« Tu en penses quoi toi de tout cela ?
– Pour eux, c'est dingue tout ce qui arrive ! Leur vie va être marquée de ça. Il va falloir gérer. Et concrètement pour New

York, c'est encore différent… Elsa, tout ce qui est arrivé depuis un an est complètement incroyable. »

Notre conversation se prolonge. L'œil avisé de Soujoud capte aussi cet instant. Le lendemain, elle m'envoie une photo, que je poste sur mon compte Instagram.

Il y a un an, Anaïs, je n'aurais jamais pensé que nous irions si loin. Te souviens-tu de ce que tu faisais alors ? Moi, oui : je démarrais cette révolution dans ma cuisine et toi, sans le savoir, dans ta salle de classe.

2

LA RÉVOLUTION DANS LA CUISINE

Début 2018, le Lobby de Poissy n'existe pas encore.
Des élèves de CM2 préparent une classe verte avec,
comme support pédagogique, une BD :
Hubert Reeves nous explique la biodiversité[1]

Il faut toujours un coup de folie
pour bâtir un destin.

Marguerite Yourcenar,
Les Yeux ouverts

1. *Hubert Reeves nous explique la biodiversité*, Le Lombard, 2017.

6 mars 2019

> Il est probable qu'Hubert Reeves vienne dédicacer sa bande dessinée au Salon du livre. Je vous propose de le rencontrer pour lui parler de votre projet d'adaptation documentaire.
>
> *Sophie, relations presse Le Lombard*

C'est avec cet email que tout a démarré en mars 2018. Je venais de finir un tournage dans la classe de ma sœur, professeure de physique-chimie depuis plus de vingt-cinq ans. Cette immersion allait déclencher en moi non pas une prise de conscience mais plutôt une prise de décision. Engagée auprès de ses élèves de première S, ma sœur avait organisé un atelier d'accompagnement personnalisé sur le thème : la science au féminin. Comme à son habitude, elle y avait mis toute son énergie : passage en revue des biographies de scientifiques oubliées, comme Ada Lovelace (pionnière de l'informatique) ou Rosalind Franklin (oubliée du prix Nobel de 1962 attribué à deux hommes pour la découverte de la chaîne ADN), discours de confiance envers ses élèves filles, visite du musée Pierre-et-Marie-Curie, et puis surtout, organisation d'une « master class ». Ces élèves ont rencontré Hélène Langevin, petite-fille de Marie Curie et fille d'Irène Joliot-Curie. Digne héritière d'une lignée de prix Nobel de physique. Trois. Jamais cela n'est arrivé par la suite.

Pendant deux heures, la nonagénaire ultra-verte échange avec les jeunes, filles comme garçons, sur la féminisation des sciences. « Surtout ne suivez pas les codes, ni les modes – faites la mode », conclut-elle, avec une pointe d'anarchisme dans le regard. Le discours de l'ancienne directrice de recherche du CNRS est bouleversant de modernité. J'ai capté les regards médusés des lycéens pour qui cette rencontre a déclenché une envie d'agir dans le monde. Écouter cette femme d'exception leur a donné confiance. Ces discours-là, il faut les faire entendre à davantage de jeunes. Et maintenant ! Que vaut le savoir sans la transmission ?

Je rejoins mon bureau de « femme moderne », devenue « entrepreneure ». Il se situe entre la plaque vitrocéramique et la fenêtre ouvrant sur le balcon : ma cuisine !

Mes pensées se fixent sur le moment que je viens de filmer. Point de discours verbeux, point de leçon de morale. Uniquement le passage de relais d'une expérience entre deux générations. Que s'est-il passé en quatre-vingts ans pour les femmes, la science, l'éducation, pour l'humanité tout entière ? Une folle accélération. Celle de la production, de l'information, de l'épuisement des ressources. Un tourbillon aveuglant qui mène à la ruine progressive de notre grand hébergeur : la Planète. Au profit de quoi ? Au profit du profit ! Du « toujours plus » qui nous amène dans l'abîme du « bientôt rien »... Que faire alors ?

Un tournant vers l'engagement collectif

Après quinze ans de vie professionnelle dans le marketing, mon centre de gravité se déplace vers davantage d'engagement collectif. Je fais le choix de retourner à mon amour de jeunesse : le journalisme. À mes yeux, cette vocation incarne autant la transmission que l'éducation.

> Informer bien au lieu d'informer vite, préciser le sens de chaque nouvelle par un commentaire approprié, instaurer un journalisme critique et, en toutes choses, ne pas admettre

que la politique l'emporte sur la morale ni que celle-ci tombe dans le moralisme[1].

Je réalise que chaque occasion de débat politique télévisé confisque deux sujets fondamentaux pour l'avenir de notre humanité : l'écologie et l'éducation. Pendant des décennies, l'écologie pédagogique a pâti d'un manque d'intérêt des médias et des intellectuels. Alors bien sûr, nos têtes sont pleines d'images tirées de documentaires exceptionnels magnifiant la beauté du monde. Nicolas Hulot en tête a bien tenté de conclure chaque numéro de son émission *Ushuaia* par une phrase symbolique d'incitation à préserver la nature. Néanmoins, une fois le poste éteint, ses expéditions invitaient davantage à voyager qu'à limiter notre empreinte carbone, dont à cette époque le grand public connaissait à peine l'existence. Bienvenue en Paradoxie !

Et quand la nature commence à montrer des signes de faiblesse face à la « courte-termiste-toute-puissance-humaine », c'est une novlangue compliquée qui s'impose. On parle de gaz à effet de serre, de réchauffement climatique, de trous dans la couche d'ozone, de gaz chlorofluorocarbure… Un jour, il nous faut stopper notre utilisation des aérosols et le lendemain apprendre aux vaches à limiter leurs flatulences. Mais qui y comprend quelque chose ? Rarement sont exposées de façon simple et pédagogique les relations de cause à effet.

Ou quand le sujet n'est pas rendu complexe, il est minoré par les acteurs de l'environnement eux-mêmes. Il n'y a qu'à réécouter ce moment de télévision où le commandant Cousteau interrompt brutalement le vulcanologue Haroun Tazieff quand il évoque le réchauffement climatique. Nous

1. Albert Camus, *Combat*, 1944.

sommes en 1979. J'ai 3 ans. Tazieff s'enfonce dans son fauteuil trop grand et développe :

> « La production industrielle dégage des quantités de produits chimiques de toute nature dont une énorme quantité de gaz carbonique. Cette quantité se propage dans l'atmosphère et risque de faire une espèce de serre. »

À cela, l'homme au bonnet rouge oppose un cinglant : « C'est du baratin tout ça. » Rappelons qu'à cette époque le commandant Cousteau truste depuis des années la première place du baromètre des personnalités préférées des Français. C'est une sommité dans le cœur de nos citoyens. Et pourtant, il est peut-être le premier climatosceptique à avoir eu un rendez-vous hebdomadaire sur Antenne 2. Il nous a montré la beauté du monde du silence, achetant au passage sans doute le sien sur la pollution des mers. Bienvenue, encore, en Paradoxie !

Le cri d'alarme d'Hubert Reeves pour la biodiversité

Je pianote sur mon ordinateur et tombe sur un post de la RTBF titrant : « Le cri d'alarme d'Hubert Reeves : "La disparition des vers de terre, aussi grave que le réchauffement climatique". » Hubert Reeves, un personnage de mon panthéon personnel qui vient de publier une bande dessinée consacrée à la biodiversité. Je découvre le sujet de la télévision belge consacré au scientifique. Hubert Reeves ne sourit plus. J'attends la chute espérant un peu d'oxygène. « C'est au moyen d'une bande dessinée que l'astrophysicien explique aux plus jeunes qu'il faut agir. » Bingo ! C'est ça qu'il faut montrer. Hubert Reeves racontant la nature aux enfants : ses vertus, ses forces mais aussi sa fragilité. Il faut réaliser un documentaire !

Ni une ni deux je m'adresse à l'éditeur. Quelques jours plus tard, rendez-vous est pris au Salon du livre. Me voilà en position de présenter mon projet : suivre Hubert Reeves auprès des jeunes dans le cadre d'un documentaire de 52 minutes. L'idée est d'expliciter les grandes questions concernant la biodiversité, de les vulgariser et de voir comment le scientifique s'y prend pour les transmettre aux plus jeunes. Il s'agit aussi d'observer la compréhension et l'implication de la jeunesse et d'évaluer ce qu'elle peut à son tour transmettre. Car je suis convaincue que les jeunes sont de très bons ambassadeurs pour sensibiliser les adultes.

Nous échangeons. Après m'être assurée que nous avions l'envie commune que ce « projet » existe, je finis par lancer : « Il n'y a plus qu'à trouver une classe pour accueillir le projet ! » Aussitôt, l'attachée de presse me répond : « Ça tombe bien. Figure-toi qu'au moment de la publication de la bande dessinée, nous avons lancé un grand concours dans toutes les écoles élémentaires de France. Il s'agissait de demander aux élèves de réaliser une planche de bande dessinée répondant à la question : "Si une espèce venait à disparaître, quelles seraient les conséquences pour la biodiversité ?" Dans quelques semaines nous allons connaître le lauréat de ce concours dont le prix est une rencontre avec Hubert. »

L'astrophysicien appartient depuis mon enfance à ma mémoire télévisuelle et scientifique. Nous ne rations pas le rendez-vous de *La Nuit des étoiles*. Son accent québécois, sa déjà blanche barbe, son œil qui frise ravissaient nos soirées familiales. Je me remémore notre première rencontre, qui m'a marquée à jamais. Quand j'officiais comme chroniqueuse sur le plateau des *Maternelles*[1], Hubert Reeves est venu présenter son ouvrage *L'Océan expliqué à mes*

1. Émission quotidienne de France 5 sur la parentalité et l'éducation.

petits-enfants, récit dans lequel il insiste sur l'urgence de sauver les océans. Il évite soigneusement tous les poncifs et se concentre sur le partage de cœur à cœur, de génération à génération. Je savais que l'occasion viendrait où je pourrais accompagner son envie, son besoin, sa nécessité de transmettre.

Et quelques jours plus tard :

17 avril 2018

Bonjour Elsa,
C'est l'école Michel de Montaigne à Poissy qui a remporté le prix interclasse. La remise du prix aura lieu le 22 mai dans l'après-midi.
Notre contact est Anaïs Willocq, l'institutrice de la classe lauréate.

Sophie

3

L'ÉCOLE, LE TERREAU DE L'ENGAGEMENT CITOYEN

Anaïs, l'institutrice de cette classe, dans une école dite en zone d'« éducation prioritaire » (REP-REP +), croit en son métier. Elle inscrit ses élèves à un concours : il s'agit de réaliser une planche de BD sur la biodiversité.

Il est beaucoup plus facile pour un philosophe d'expliquer un nouveau concept à un autre philosophe qu'à un enfant. Pourquoi ? Parce que l'enfant pose les vraies questions.

Jean-Paul Sartre, entretien, *Le Monde*, 1971

29 avril 2018

> Bonsoir Elsa !
> Nous vous attendons à l'école le 3 mai !
> L'adresse est le 17, rue Montaigne à Poissy.
> À jeudi donc !
>
> *Anaïs Willocq*

Cet email m'a fait sourire. Les indications sont claires. Le ton jovial et direct. Avant ce rendez-vous, j'avais déjà échangé avec Anaïs par téléphone avec beaucoup d'enthousiasme. Cette jeune femme a tout pour me plaire : sa voix tonique est espiègle. Nous avons blagué quand elle m'a confessé m'avoir « google-isée » sur Internet : « Je me méfie toujours des journalistes quand il s'agit de traiter un sujet éducation dans une REP-REP +. Je vois tellement de clichés, c'en est déprimant. J'avais besoin de savoir à qui j'avais affaire. »

> Je suis issue d'une famille d'enseignants du côté de mon père. Les valeurs d'égalité et de fraternité ont guidé ma formation personnelle et j'avais à cœur de me réaliser dans un métier utile pour la société, et humain. J'aime sentir l'évolution des élèves, leur confiance et leurs prises de risques tout au long de l'année. J'aime aussi l'apprentissage du « faire ensemble » qui se joue dans le cadre des classes. L'école, c'est le creuset de la société et c'est le « tous ensemble ». C'est une valeur fondamentale pour moi.
>
> *Anaïs Willocq*

Elle a donné le ton. Je vais devoir montrer patte blanche et expliquer clairement mes intentions. J'ai su plus tard que mes quatre années de chroniqueuse « Société » dans *Les Maternelles* ont largement contribué à instaurer un rapide climat de confiance indispensable à la suite de notre aventure.

C'est en discutant avec Anaïs que je découvre la spécificité de l'école Montaigne : elle est estampillée Réseau d'éducation prioritaire. Évidemment, je sais grossièrement à quoi le REP fait référence. Qu'est-ce qui rend ces endroits prioritaires pour l'éducation ? Les élèves seraient-ils des « sauvageons[1] » ? Pour plus de précisions, je me réfère à la définition trouvée sur le site officiel :

Rien n'est jamais ancré dans le marbre social

> Le ministère de l'Éducation nationale classe les établissements en fonction d'un « indice social ». Celui-ci comprend quatre paramètres qui « impactent la réussite scolaire » : le taux de catégories socio-professionnelles défavorisées, le taux d'élèves boursiers, le taux d'élèves résidant dans une zone urbaine sensible (ZUS), le taux d'élèves ayant redoublé avant la sixième[2].

Ce sont donc des élèves de CM2, dont la réussite scolaire peut être « possiblement impactée », qui ont remporté un concours national au sujet de la bande dessinée d'Hubert Reeves. Et de surcroît sur le sujet de l'environnement, souvent considéré comme clivant ou élitiste. Et si ces enfants faisaient mentir les statistiques ? Me voilà conquise par ces petits citoyens que je ne connais pas encore mais dont le parcours initiatique me touche déjà. J'y vois quelques

1. Référence aux propos de Jean-Pierre Chevènement, alors ministre de l'Intérieur en 1999, et qui avait employé ce terme pour qualifier des mineurs délinquants multirécidivistes.

2. https://www.cohesion-territoires.gouv.fr/politique-deducation-prioritaire

troublantes correspondances avec le mien. Rien n'est jamais ancré dans le marbre social. Rien.

Après 35 kilomètres de route, j'arrive enfin. Poissy est une ville de 37 000 habitants où la Villa Savoye, conçue par Le Corbusier, côtoie l'usine devenue Peugeot, pourvoyeuse d'emplois pour une population immigrée. Quelques ronds-points dénudés plus tard, je pénètre le quartier de l'école Montaigne : le plateau de Beauregard. Il n'a de poétique que le nom. Cinq étages de blocs bétonnés se dressent. Les uns face aux autres. C'est froid, inhospitalier et triste. Seuls quelques arbres apportent une touche de vie auprès de ces dizaines de nuances de gris. Il y a donc deux Poissy : celui des maisons à colombage un peu plus bas… et celui du plateau de Beauregard. Quelques âmes aux fenêtres donnent vie au décor que j'imagine construit à la va-vite quand nécessité fait loi d'urbanisme. Je peine à distinguer l'école Montaigne. Où est-elle ? À mesure que je m'approche, je la vois s'étendre tel un écosystème de résistance dont les capillarités nourrissent d'éducation ces zones parfois caricaturées en « territoires perdus de la République ». Faire battre le cœur du savoir. Ici.

Une institutrice qui croit en son métier

Une jeune femme dynamique vient m'accueillir. Anaïs. Son regard vif brille d'intelligence. Elle m'entraîne dans les longs couloirs de cette petite école qui deviendra bien vite l'un des personnages principaux de cette incroyable histoire. L'enseignante de 33 ans déambule en faisant cliqueter le chapelet de clés qu'elle garde précieusement autour du cou : celles de l'école, sa deuxième maison. Un symbole fort.

Nous passons par le bureau du directeur : Georges. Un homme d'une quarantaine d'années, au visage affable orné d'une barbe poivre et sel soignée. La douceur de son regard m'accueille. La connivence est patente entre Anaïs et lui. Elle est de celles nées de quelques années de collaboration à traverser des crises, à tâcher de faire taire des doutes et une désillusion prévisible. Ces deux-là connaissent très bien les raisons de leur présence ici. Ils s'efforcent de ne jamais réévaluer à la baisse le niveau d'exigence qu'ils placent dans leur mission de service public :

> « Nous sommes très heureux et fiers que vous veniez réaliser un documentaire ici. C'est important de montrer ce qui va bien ici et de mettre le travail des enseignants en valeur. Si vous avez besoin de quoi que ce soit, sachez que je suis là et que je vous aiderai dans la mesure de mes moyens. »

Nous quittons le bureau de Georges. J'observe chaque détail tentant de capter quelques ambiances. Je lis les prénoms sur les portemanteaux : Killian, Sara, Antony, Sana, Soujoud, Thomas, Maélys… Attirée par les photos de classe fixées sur les portes des salles, je découvre des sourires, des regards amusés et surtout une France. Celle de demain. Celle qui devra faire avec le réchauffement climatique que nous avons nié pendant des dizaines d'années. Nié faute de savoir. Et cette jeune femme qui trace une route dans les couloirs d'une école est précisément l'incarnation de ce savoir. La parfaite courroie de transmission entre un Hubert Reeves devenu héros de bande dessinée et cette jeunesse à qui nous allons laisser les clés d'une maison qui brûle. Anaïs s'engouffre dans une salle :

> « Je vous présente Magali Ruault, ma collègue de CM1, dont la classe a également participé au concours de bande dessinée. »

Je m'installe sur une chaise d'élève pour écouter le récit de cette histoire qui n'est alors qu'un projet de classe verte imaginé par ces deux enseignantes. Lorsque l'année 2018 démarre, Anaïs et Magali décident d'organiser un voyage en Isère pour leurs deux classes. Afin de préparer au mieux leurs élèves peu habitués à sortir de Poissy, elles cherchent les ressources pédagogiques les plus adaptées pour qu'ils appréhendent les enjeux environnementaux. Elles utilisent d'abord l'un des films de Yann Arthus-Bertrand, puis Anaïs tombe sur la bande dessinée d'Hubert Reeves qui vient à peine d'être publiée. Ce support apparaît comme un moyen idéal de faire passer des messages forts, souvent complexes, de manière ludique et adaptée à l'âge de ses élèves :

> « Le personnage d'Hubert Reeves est très bien représenté, c'est une figure familiale, presque un grand-père, qui viendrait transmettre son savoir. »

Cette histoire de grand-père qui parle de science et de nature, c'est aussi un peu la sienne. Quand Anaïs évoque les longues discussions qu'elle entretenait enfant avec le sien, lui-même professeur de mathématiques puis principal de collège, l'émotion est palpable. Les fameuses « poussières d'étoiles » scintillent dans son regard :

> « Je le revois me raconter la naissance des étoiles, les nébuleuses... Et tout cela, il le faisait en s'appuyant sur le contenu des livres d'Hubert Reeves. Je peux même dire qu'il faisait partie de la famille pour nous. Quand j'ai appelé mon grand-père pour lui apprendre que nous allions le rencontrer : il était tellement fier ! »

Une histoire de transmission

L'école de la République a une place particulière dans l'histoire familiale d'Anaïs. Ce fut un formidable ascenseur social pour le couple de ses grands-parents paternels. L'une parlant breton à la maison avait pour premier livre un dictionnaire, et le second était bien plus habitué aux travaux des champs qu'aux exercices du soir. Mais un jour, un instituteur a remarqué les capacités du jeune garçon : il lui a fait préférer les bancs de l'école au labour. Plus tard, il est devenu professeur de mathématiques et a transmis à son tour le goût du savoir à son fils, qui lui aussi a épousé l'enseignement.

Alors, pour Anaïs, enseigner en REP-REP + est un choix. C'est là qu'elle se sent utile. C'est peut-être aussi pour elle le moyen de prolonger l'héritage familial. Après quelques années dans la riche commune voisine de Saint-Germain-en-Laye, elle a préféré demander sa mutation, souhaitant accompagner des enfants qu'elle estime curieux, désireux d'apprendre et intéressés par tous les sujets.

Quand j'ai rencontré cette jeune femme, je terminais la biographie d'Albert Camus. Parmi les écrits magistraux du révolté pacifique, une lettre m'avait marquée. Celle qu'il écrivit à M. Germain, son instituteur d'Alger, après avoir reçu le prix Nobel de littérature.

> Sans vous, sans cette main affectueuse que vous avez tendue au petit enfant pauvre que j'étais, sans votre enseignement, et votre exemple, rien de tout cela ne serait arrivé. Je ne me fais pas un monde de cette sorte d'honneur mais celui-là est du moins une occasion pour vous dire ce que vous avez été, et êtes toujours pour moi, et pour vous assurer que vos efforts, votre travail et le cœur généreux que vous y mettiez

> sont toujours vivants chez un de vos petits écoliers qui, malgré l'âge, n'a pas cessé d'être votre reconnaissant élève[1].

L'enseignement est un don et ses passeurs jouent parfois, souvent, un rôle crucial dans nos vies. D'un simple regard attentionné en récitant une poésie, d'un peu de confiance insufflée au détour d'un exercice de mathématiques, d'un encouragement sur un bulletin scolaire, ou tout simplement par un peu plus de temps passé à côté d'un enfant qui bute. Il n'y a pas si longtemps l'*Obs* titrait : « Le prof qui a changé ma vie[2] ». On y voyait Riad Sattouf heureux de présenter Andrée Chapalain, sa professeure d'arts plastiques de troisième. Celle qui l'a encouragé à poursuivre ses dessins. Ce qu'Anaïs ne sait pas encore, c'est qu'elle est de la trempe des Germain et des Chapalain : elle s'apprête à imprimer la vie de certains de ses élèves de CM2 bien plus que ce qu'elle imagine. Au travers de l'apprentissage des enjeux de la biodiversité, c'est d'abord un esprit qu'elle éveille, puis une envie de faire.

Le prof qui a changé ma vie

Preuve en est, ce n'est pas elle qui est à l'origine de leur participation au concours de bande dessinée mais l'une de ses élèves. Soujoud a alors 11 ans. Elle adore dessiner. En feuilletant un magazine, elle reconnaît la couverture de la bande dessinée qu'elle étudie. « Faites gagner à votre classe une rencontre avec Hubert Reeves. » Les modalités sont simples : la classe doit envoyer une planche de dessin sur le thème : « Si une espèce venait à disparaître, quelles seraient les conséquences sur la biodiversité ? » Elle découpe la page et l'apporte immédiatement à sa

1. Albert Camus, Lettre à Louis Germain.
2. Numéro du 4 septembre 2019.

professeure. Anaïs en parle à Magali et toutes les deux décident de faire participer leur classe au concours. Ainsi, elles doublent leur chance de gagner cette rencontre. Pas facile d'intégrer un nouveau projet dans une année déjà bien chargée en activités. Alors, Anaïs n'hésite pas à tordre son programme et à faire preuve d'inventivité. Finalement, ce projet mobilise plusieurs compétences clés de CM2 : savoir raconter une histoire, travailler en équipe, rédiger des textes pour défendre des idées, utiliser le graphisme et intégrer quelques enjeux de biodiversité. Plusieurs groupes travaillent ensemble et une dizaine de planches sont constituées en un mois et demi. Enfin, la classe vote pour celle qui les représente pour le concours.

Un pari réussi

Quelques mois plus tard, les résultats tombent. La bande dessinée de Soujoud est lauréate. La jeune élève a choisi de mettre en scène un agriculteur arrosant ses salades d'engrais. C'est une petite fille blonde, qui interpelle l'agriculteur : « Stop, tu sais que si tu mets des engrais dans les salades, mes pauvres petits vers de terre vont mourir. » Ce qui ne fera pas l'affaire du paysan dont les sols ne seront plus fertilisés par les habitants du sous-sol. Anaïs me confie que son élève est repartie fière et heureuse d'avoir remporté ce concours national pour toute la classe. Grâce à son travail, ils vont rencontrer le héros de leur bande dessinée : le savant Hubert Reeves. Une consécration pour ces élèves de Poissy qui n'ont eu de cesse de demander : « Mais pourquoi vient-il nous voir, nous ? » Comme si personne d'illustre ne pouvait venir les voir, eux.

Quand j'ai vu le concours à propos de la bande dessinée qu'on étudiait en classe, j'en ai parlé à la maîtresse. Nous avons ensuite travaillé en groupe et réalisé plusieurs planches. J'ai eu l'idée de montrer que les vers de terre disparaissaient à cause des pesticides parce qu'on en avait parlé en classe. Et puis on avait un lombricomposteur. Ensuite, Anaïs nous a fait voter pour la bande dessinée qu'on voulait envoyer pour le concours. La classe a choisi la mienne. Et elle a gagné. La rencontre avec Hubert Reeves a été très importante pour moi. J'ai eu l'impression qu'il nous confiait une mission, celle de continuer ce qu'il faisait : expliquer que la planète nous rendra le bien qu'on lui fait et sensibiliser les jeunes à la préservation de l'environnement pour garder notre planète habitable. Quelque chose est sûr, c'est qu'avec ma famille, nous nous sommes tous engagés dans notre quotidien à utiliser des produits bio ! Par exemple, des brosses à dents en bambou, du dentifrice fait maison, du shampoing solide et non en bouteille, du liquide vaisselle fait maison aussi, des pailles en inox ou en bambou, des gobelets avec du plastique durable ou en bambou et plein d'autres choses de ce genre ! Si on continue à faire ça, c'est déjà un plus !

Soujoud

Quelques semaines après avoir envoyé la bande dessinée, la jeune professeure reçoit un message de son académie l'invitant à postuler avec sa classe au Parlement des enfants. Mais de quoi s'agit-il ?

Le but : représenter sa circonscription, rencontrer son-sa député.e, comprendre les institutions, et se comporter en élu en proposant des projets de lois. Le thème de l'année 2018 étant bien sûr la biodiversité. Voilà qui comble Anaïs : ses élèves vont pouvoir expérimenter un rôle politique sur un enjeu de taille éminemment d'actualité. Plusieurs séances seront consacrées à l'élaboration des propositions de loi, au débat ainsi qu'à la rédaction. Les élèves formulent quatre propositions : décréter la protection de la biodiversité comme une grande cause nationale, créer un label consommateur permettant d'identifier les industriels respectant l'environnement, interdire la commercialisation de matières premières extraites selon des modalités qui ne respectent pas les milieux naturels, promouvoir les modes de pêche respectueux de l'environnement en les subventionnant[1].

Je constate avec bonheur que l'histoire que je vais raconter a de multiples facettes. J'ai face à moi les valeurs de l'école de la République incarnées par deux enseignantes. Elles ont sans cesse stimulé, poussé et valorisé leurs élèves quitte à bousculer les programmes scolaires pour éveiller en eux leur conscience citoyenne. Pas sûre que cette REP-REP + là fasse les gros titres… En revanche, je suis certaine qu'Hubert Reeves appréciera sa visite à Poissy avec ces enfants sensibilisés pour demain.

1. Proposition de loi visant la protection de la biodiversité présentée par les élèves de la classe de CM2 de l'école élémentaire Montaigne à Poissy (académie de Versailles) : Sana Ait Ali Oulhaj, Érine Assole, Victoria Bina, Sarah Bouachra, Soujoud Boudhafri, Alousseyni Camara, Zakaria Choumane, Rémy Garofalo, Antony Gigan, Thomas Goubet, Léa Jeanne, Avin Karatas, Irem Kocak, Joshua Koufounda, Bilal Montasser, Adam Mouhtat, Kylian Rivière, Mohammed Sefiani, Maélys Sounga Mahoba, Milena Valdor-Basse, Kati Yebka.

4

HUBERT REEVES LA BONNE ÉTOILE

Mai 2018. Lauréats du concours,
les élèves gagnent une rencontre avec Hubert Reeves !

Les énergies se mobilisent quand on parle au cœur,
pas au mental.

Hubert Reeves

9 mai 2018

Chère Elsa,
Merci de votre lettre qui m'a fait plaisir.
Je suis tout à fait d'accord avec l'enregistrement du film du 22 mai.
Très amicalement,

Hubert Reeves

Magnifique ! Mais il y a tout de même un « petit » détail que je n'ai pas pris en compte. Je suis partie tambour battant dans cette aventure, et je n'ai aucune assurance que le documentaire que je commence à tourner soit un jour diffusé. Néanmoins, je sais que ces moments avec Hubert Reeves sont rares. Ces occasions ne se ratent pas. Alors s'il faut amputer le pécule que j'ai mis de côté pour que ce film existe, j'en prends le risque avec une société de production amie, le temps de créer la mienne. J'ai l'intuition que quelque chose d'unique se passe dans cette classe.

Depuis ma première venue à Poissy, j'ai enfin fait la connaissance de la classe d'Anaïs. Plus de quatre jours de tournage dans les murs de Montaigne m'ont définitivement persuadée que l'école est le berceau de l'engagement citoyen. Victor Hugo disait : « Ouvrez des écoles, vous fermerez des prisons. » Je l'ai toujours cru, j'en suis maintenant convaincue.

L'implication de Soujoud, Maélys, Thomas, Rémy, Sana et tous ceux qui vont devenir, dans quelques mois, sans le savoir, le Lobby de Poissy va changer le monde. Et cela a des allures de jeux d'enfants.

Soujoud, qui est à l'origine de la venue d'Hubert Reeves, est une jeune fille posée. Ses longs cheveux noirs noués en queue-de-cheval dégagent un visage doux et tendre. Malgré une timidité évidente, son regard est droit. Elle est née en France après l'arrivée de ses parents tunisiens. Ils ont toujours eu beaucoup d'admiration pour la France. Et surtout, ils croient au pouvoir de l'école. Souraya, sa mère, a été professeure d'anglais à Tunis. Elle a suivi son mari en France. Aujourd'hui, elle se consacre à l'éducation de ses trois filles : Soujoud, Osswa et Yakine.

Soujoud m'a confié que ses parents ont été surpris qu'elle ait gagné le concours. Non pas qu'ils aient douté de ses capacités, mais parce qu'ils ne pensaient pas que cela était possible, pour eux, ici à Poissy.

Cette réflexion, je l'ai souvent entendue dans la classe pétillante d'Anaïs. Notamment dans la bouche de Rémy, petit bonhomme à la moue espiègle qui interroge Anaïs : « Hubert Reeves vient nous voir nous ? à Poissy ? Mais c'est incroyable. » Comme si ce plateau de Beauregard n'était pas digne d'accueillir l'astrophysicien. Comme si ces enfants étaient invisibles.

« On peut ignorer tellement fort une personne, qu'elle finit par douter de sa propre existence. » Cette phrase de mon ami anthropologue Charles Gardou résonne entre les murs de cette école de Poissy. Ces enfants-là ne seront plus ignorés. Personne ne peut alors imaginer que cette rencontre va planter une « graine 100 % garantie engagement » pour la planète.

L'ambiance de fin de printemps a permis à mon travail de réalisatrice en herbe de récolter des plans lumineux de ces visages d'enfants consciencieux et appliqués. J'ai décidé de coproduire ce film. Je crée une structure pour porter ce projet. Quand les caméras commencent à tourner, les élèves ne sont pas impressionnés. Bien sûr, quelques sourires sont apparus plus massifs, mais bientôt une jolie confiance s'installe. J'adore cette immersion dans la classe d'Anaïs. J'adore voir une forêt de doigts se lever à chaque question sur la biodiversité. Tiens, celle-là par exemple : « Qu'est-ce qu'il est important de défendre pour préserver la biodiversité ? »

Préparer la venue d'Hubert Reeves à l'école

Ce sont les yeux bleus de Kati, légèrement intimidés par la prise de parole en public (il va vraiment falloir que nous réglions cette histoire d'art oratoire à l'Éducation nationale), qui attirent le regard perçant d'Anaïs. La fillette aux airs d'Adjani lance : « Moi, j'aimerais bien protéger tous les êtres vivants parce qu'en fait, s'il n'y a plus d'êtres vivants, il n'y a plus de planète. » Les enjeux sont intégrés, nous faisons tous partie d'une même chaîne. Le cours continue. Anaïs les sollicite encore et toujours :

> « Pourquoi est-ce que le plastique qui se décompose dans la mer, dans les torrents, dans les fleuves peut être dangereux pour la biodiversité ? »

Au tour d'Antony de répondre. Le garçon s'agite depuis un petit moment sur sa chaise. Il veut prendre la parole : « Parce que les poissons le mangent, ils ne peuvent plus respirer et ils meurent. » Voilà. Comprend-il l'impact sur notre existence à nous ? La session va durer plus d'une heure et demie. Toutes ces petites mains se lèvent les unes après les autres.

L'après-midi du 17 mai est consacrée à la préparation de la venue d'Hubert Reeves. Les enfants n'en croient toujours pas leurs yeux. Le personnage de la bande dessinée, celui qui connaît si bien les étoiles, va venir leur en mettre plein les yeux. Il a prévu de passer près de deux heures avec eux. La rencontre a lieu dans la salle polyvalente.

Pas question de laisser les murs nus. Leurs exposés sur l'astrophysicien vont les tapisser. Une belle occasion de montrer leur savoir. Maélys saisit une grande feuille de papier blanc et entame l'écriture de quelques lignes de biographie. Pendant ce temps, Mohammed s'inspire du personnage d'Hubert Reeves pour le représenter sur une affiche. La ruche s'active sans savoir que cet événement va marquer profondément certains d'entre eux. Maélys confie qu'elle a appris ce qu'était le métier d'astrophysicien, dont elle ignorait même l'existence : « On a de la chance de rencontrer Hubert Reeves, c'est un grand monsieur. » Quelques tables plus loin, Soujoud discute avec Sara et Kati. Elles se remémorent le chemin qu'elles ont accompli :

> « Ça te fait quoi d'avoir gagné le concours ? lui demande Sara.
> – Ça me rend heureuse. C'est aussi grâce à Avin qu'on a gagné. Car en réalité, c'est elle qui a eu l'idée des vers de terre, et c'est Kati qui m'a aidée à trouver l'idée des dessins. Et puis, c'est toi qui m'as aidée à trouver l'idée du thème et c'est moi qui ai dessiné. Bref, c'est un travail d'équipe. »

Les bandes dessinées trônent fièrement sur le mur de la classe, regardant ces enfants déjà conscients de l'interdépendance entre l'homme et la nature. Rémy est toujours aussi affairé à terminer la préparation de son exposé. Il a collé une belle photo d'Hubert Reeves en page de garde : « Hubert Reeves a plusieurs professions : astrophysicien, écrivain, physicien et cosmologue. » Entre deux prises, nous faisons une pause. Je demande aux élèves s'ils connaissent la date de naissance d'Hubert Reeves. La réponse ne se fait pas attendre, d'une seule et même voix, la vingtaine d'élèves me lance : « le 13 juillet 1932 ! » Le regard d'Anaïs est empli de fierté. Elle consacre l'après-midi à établir avec les enfants les questions qu'ils poseront à leur invité de marque. Questions diverses sur sa vie, ses combats mais aussi sur sa conception de l'écologie aujourd'hui. Le temps de parole se répartit.

> « Moi, j'aimerais bien savoir s'il mange de la viande.
> – S'il trie ses déchets.
> – S'il a des animaux de compagnie.
> – Ce qu'il pense de nos lois. »

Voilà le deuxième sujet sur lequel les enfants aimeraient consulter Hubert Reeves. « Quel conseil pourrais-tu demander à Hubert Reeves pour défendre encore mieux ta proposition de loi ? » lance la jeune professeure des écoles. Depuis quelques mois, **Maélys** est conseillère municipale junior à Poissy. L'engagement semble une évidence pour elle, malgré son jeune âge. Elle n'est pas au bout de ses surprises. J'ai souvent remarqué qu'elle attachait un soin particulier à faire en sorte que tout son groupe de travail se sente bien. C'est une enfant très soucieuse des autres. Pas étonnant qu'elle veuille devenir pédiatre. Quand elle a su qu'elle partait à Barrioz en classe verte, elle avait préparé sa valise à l'avance. Pour une fois, elle allait partir sans son frère jumeau. Dans une famille de quatre enfants, il n'est pas toujours évident de trouver sa place. Ses résultats scolaires montrent le sérieux et le travail de cette jeune citoyenne engagée. Alors, avec un aplomb certain, elle démarre de sa douce voix :

Maélys est conseillère municipale junior à Poissy

> « J'aimerais qu'il nous aide pour arrêter la pêche au filet. Les pêcheurs veulent ramasser les poissons, mais ils vont ramasser plein d'autres espèces à côté et les laisser mourir. C'est brutal de faire ça. Nous en avons fait un article dans notre proposition de loi, et j'aimerais qu'il nous soutienne.

Moi, le Parlement des enfants ça m'a boostée, parce que donner la parole aux enfants c'est important. »

C'est important de s'engager. Avec le conseil municipal, tu peux représenter les jeunes, t'exprimer, défendre tes idées, les faire vivre et en parler avec les autres. On fait des sorties qu'on ne pourrait sans doute pas faire en tant que simple citoyen. C'est pour cela que j'ai voulu me présenter, c'est vraiment bien pour les gens qui aiment s'exprimer en public. C'est une expérience unique à tenter si tu n'as pas d'activité hors temps scolaire et que tu es dévoué.e.

Maélys

Besoin d'un coup de pouce pour pousser leur loi au Parlement des « adultes »

La classe est assez unanime : « On veut qu'Hubert Reeves soutienne nos projets de lois du Parlement des enfants. » Et Soujoud ajoute : « C'est nous le futur du monde, c'est nous le futur. Alors le Parlement, c'est important. » Comme tu as raison, Soujoud ! Tu ne sais pas encore que cette phrase retentira dans le monde entier, lancée par une jeune Suédoise qu'en France on ne connaît pas encore.

Derniers préparatifs pour accueillir Hubert Reeves. Anaïs distribue les rôles : Soujoud expliquera comment elle a gagné le concours, Maélys parlera de leur projet de loi, Joshua lira quelques questions. En attendant, c'est parti pour placarder la tête de l'idole partout sur les murs de la salle polyvalente. L'excitation monte. La nervosité l'accompagne. Demain est un grand jour.

Je fais le voyage avec Hubert Reeves. Dans la voiture, nous échangeons sur l'éveil de sa conscience écologique, son désir de transmettre, ses convictions profondes, ses angoisses aussi. Il est bluffé de ce que ces enfants ont accompli dans le cadre du programme scolaire. Ce qui le séduit le plus est la voie « politique » qu'ils ont empruntée.

« Alors ça, réfléchir à une loi pour sauver la planète quand on est enfant ! En voilà une bonne idée », me glisse-t-il roulant ses R, fruit d'un héritage de son Québec natal. Au détour de notre conversation, bringuebalés par un chauffeur peu délicat, il me livre un terme qui m'interpelle : le « PFH ».

> « Vous savez ce qu'est le PFH, Elsa ? me dit-il, avec son œil qui frise déjà.
> – Non.
> – Le Putain de Facteur Humain ! »

Je ris. C'est bien cela qui nous met dedans depuis des années. La cupidité de l'être humain n'a pas de limite. Je trouve l'expression si décalée dans la bouche d'Hubert que j'ai même failli la reprendre comme titre pour mon film. Un bel hommage. Mais c'était ignorer que ce PFH est présent jusque dans les couloirs des chaînes de télévision. Placer « putain » dans le titre d'un film documentaire, vous n'y pensez pas ? C'est beaucoup trop vulgaire. Pourtant, mon passage en chaîne d'information continue m'aura fait entendre un rédacteur en chef déclarer : « L'éducation, ça ne m'intéresse que si on traite des résultats du bac, de la rentrée scolaire ou en cas de violences ». Comme quoi il n'est pas nécessaire d'être grossier pour être vulgaire…

Nous approchons de l'école. Une partie de mon équipe est en place dans la salle polyvalente. J'appelle Anaïs pour l'avertir de notre arrivée. Je perçois son stress à l'aigu de sa voix. Le matin même, elle m'envoyait un message émouvant : « Ce matin, j'écoutais la chanson de Gaël Faye "Irruption". Tu vois, aujourd'hui, nous faisons tomber les clichés. » La chanson de Gaël Faye parle du jaillissement de la jeunesse, de colère, de dignité, de Prévert et de Césaire. La voiture transportant Hubert s'arrête. Je file dans la salle pour prévenir Nicolas, un de mes chefs opérateurs, que LA rencontre tant attendue entre Anaïs et Hubert va se produire. Je ne veux rien rater de ce premier échange de regards. De ces deux âmes qui travaillent pour le même objectif : transmettre. Je cours dans ce grand couloir qui me mène devant l'aréopage constitué par les classes d'Anaïs et de Magali.

Tu vois, aujourd'hui, nous faisons tomber les clichés

« Dis, Elsa, Hubert Reeves est là ? me lance Bilal.
– Oui ! Il a hâte de vous rencontrer. Vous êtes prêts ? »

Une clameur enthousiaste rebondit sur les murs de la salle. La cinquantaine d'enfants est assise sur des bancs. Ils sont disposés en demi-cercle face à un fauteuil confortable, encore vide. Anaïs ne tient pas en place. La voilà qui recolle les affiches. Nos regards se croisent : « Viens vite. Il est là. » Nous la laissons filer devant pour saisir cet instant sur la pellicule. Nicolas se cale derrière elle. Alors qu'elle parcourt le couloir d'un pas tonique, je vois défiler les derniers jours de préparation et le travail colossal qu'elle a accompli depuis le début de cette année scolaire. François, le deuxième chef opérateur, présent avec moi dans la voiture, brandit sa caméra pour assurer le contre-champ et les plans serrés. Hubert descend de la voiture et se dirige vers le portail de l'école. Impact.

« Bonjour !
– Bonjour Monsieur Reeves : je suis Anaïs Willocq, la maîtresse.
– Oh, très bien. Je vous suis. Allons-y. »

Les yeux d'Anaïs brillent. Entre émotion et émerveillement. Il fait chaud en ce 22 mai. Soudain, la porte de la salle polyvalente s'ouvre. La barbe blanche d'Hubert apparaît aux enfants. Leurs yeux sont écarquillés. Leurs sourires collés aux lèvres. Érine place ses mains sur ses joues : « Oh ! Ce n'est pas possible, c'est lui ! » Sana cache ses yeux pour profiter de la surprise. Maélys sautille sur le banc. Mohammed se dissimule dans l'encolure de son tee-shirt. Des petits cris d'enthousiasme percent le silence. Et la clameur retentit. L'accueil est digne de celui d'une rock star. Je frissonne. Anaïs est émue. Hubert leur adresse un bonjour en les saluant de la main. Il se place dans le fauteuil face à son public déjà conquis et commence :

On va réagir, on va tous se découvrir actifs

« Un événement comme aujourd'hui, c'est-à-dire qu'on soit tous réunis autour du thème de la biodiversité, c'est un événement important : ça montre qu'il se fait des choses. L'humanité est en train de saccager sa planète. On va réagir, on va tous se découvrir actifs. On va faire que l'humanité continue à vivre sur une planète habitable. »

Une rencontre inoubliable

S'ensuivent plus de deux heures de discussions entre le scientifique et les enfants. C'est d'abord Soujoud qui prend la parole. Elle tire les manches de sa marinière, se lève et démarre. Elle raconte pourquoi sa bande dessinée a été envoyée pour représenter la classe. « J'ai choisi le thème des vers de terre. Car, si les vers de terre disparaissent, ça ne fertilisera plus notre sol et ne permettra plus de faire du compost. » Sa voix, d'abord forte, consciente et convaincue, s'affaiblit quand elle conclut, timide :

> « Et c'est ma bande dessinée qui a été choisie, et c'est comme cela qu'on est arrivé à vous rencontrer.
> – Bravo ! C'est très bien. J'ai beaucoup entendu parler de toi. Je sais que tu as fait des choses très intéressantes. Je te félicite. On va tous t'applaudir, Soujoud. »

La militante en herbe se rassoit, émue de la reconnaissance qui lui est témoignée par la classe entière. Maintenant que les présentations sont faites, les questions peuvent démarrer. Mohammed lève la main :

> « Est-ce que cela vous fait mal au cœur quand vous mangez de la viande ?
> – J'essaie de ne pas y penser justement. Ce qu'il faut, c'est avoir une consommation raisonnable. »

Les doigts ne cessent de se lever, manifestant pour certains une impatience difficile à contenir. Anaïs reprend la parole pour expliquer que le temps est compté. Beaucoup de sujets doivent être abordés avec Hubert avant de laisser place au goûter. Maélys attend sagement son tour. C'est elle qui mentionne leurs travaux législatifs. Elle ajoute que leur députée va leur rendre visite dans quelques jours. À cette occasion, la classe compte bien lui demander un soutien pour le projet de loi concernant la pollution lumineuse.

> « Pourriez-vous nous aider à convaincre notre députée de proposer notre loi ?

> – Oui dans la mesure de mes moyens. C'est très bien votre mouvement. Et le fait que ça vienne des enfants, cela va être particulièrement efficace, car vous n'êtes pas soupçonnés d'avoir des intérêts personnels. C'est vraiment pour l'humanité que vous le faites. Et ça, c'est assez rare. »

L'onde citoyenne qui vibre à Poissy est déjà le signal faible d'une coalition inédite dans les cœurs des enfants d'aujourd'hui. Ni Hubert, ni Anaïs, ni Maélys ni les autres n'imaginent alors que les mois qui arrivent seront le théâtre d'un mouvement sans précédent. La discussion se termine. Les traits tirés d'Hubert manifestent une fatigue certaine sans rien retirer au bonheur d'avoir encore une fois, transmis. Il prend un petit verre d'eau et accepte de signer une ribambelle d'autographes. Puis vient le moment magique, où Anaïs impressionnée lui tend un exemplaire de *Poussières d'étoiles* :

Que ça vienne des enfants, cela va être particulièrement efficace, car vous n'êtes pas soupçonnés d'avoir des intérêts personnels.

> « Oh, mais c'est la première édition, remarque Hubert.
> – Oui, mon grand-père me l'a donnée et j'aimerais beaucoup que vous la dédicaciez. »

Hubert s'exécute, interrompu par certains élèves venus l'embrasser sur les joues. Une ambiance de franche humanité flotte dans l'air. Une petite larme perle au creux des yeux d'Anaïs. Nous sommes rincés. La chaleur du lieu aurait pu nous faire défaillir. Nicolas, François et Éric ont tenu bon habités par l'instant que nous venons de vivre. Un moment précieux. Cette équipe est précieuse.

Souraya, la mère de Soujoud, se présente à moi. Naturellement nous papotons. Les rires d'enfants dévorant le goûter nous imposent de parler plus fort. C'est un peu grâce à elle que tout cela est arrivé. Elle avait repéré la publicité du concours et l'avait confiée à sa fille. Elle m'apprend que la Villa Savoye, point de départ de la bande dessinée d'Hubert, se trouve à quelques mètres de l'école. En fait, le premier tome de la bande dessinée se passe à Poissy. Je ne l'avais pas saisi… Nous rions de cet « alignement de planètes » parfait. Il ne me manque plus qu'une chaîne de télévision pour que tout le monde puisse profiter de ce que nous venons de vivre.

Elle me répond d'un sourire mystérieux que je n'ai jamais oublié. Puis, ses mains chaudes et puissantes saisissent les miennes. Ses yeux noirs de biche pénètrent instantanément le fond de mon âme.

> « Elsa, ne t'inquiète pas… Ce que tu viens faire ici est bien plus grand que toi, bien plus grand qu'un documentaire. Bien plus grand que nous tous. Tu verras… »

Son assurance me donne le vertige. Et si elle avait raison ? Si tout cela était le début d'une formidable aventure citoyenne, portée par Soujoud, Maélys, Thomas et les autres… Anaïs et moi ?

5

SEMER LES GRAINES DE LA CITOYENNETÉ

Encouragés par leur succès et leur rencontre avec Hubert Reeves, les jeunes veulent aller plus loin et proposer, avec l'aide de leur députée, une loi sur la protection de la biodiversité à l'Assemblée nationale.

On n'est jamais trop petit pour faire la différence.

Greta Thunberg

15 juin 2018

> Madame Granjus,
> Je vous confirme notre rencontre dans notre classe à l'école Montaigne à Poissy ce lundi 18 juin à 9 heures.
>
> *Anaïs Willocq*

Maintenant qu'Hubert Reeves leur a signifié que leur travail est formidable, les élèves de Poissy attendent avec impatience de discuter de leur projet de loi avec Florence Granjus, députée des Yvelines fraîchement élue. Quant à moi, je suis curieuse de voir comment cette petite société politique va se comporter avec ses aînés.

Retour à l'école pour la députée des Yvelines

Florence Granjus apparaît. Les enfants se lèvent d'un même élan. La députée se dresse devant la classe, cheveux blonds au carré, mèches impeccables, ce qui lui vaut d'entendre quelques petites voix murmurer : « On dirait Brigitte Macron. » Elle leur lance un tonique « Bonjour ! » qui lui est instantanément retourné d'une seule voix. La députée des Yvelines se présente et leur distribue des cocardes à épingler. Soujoud regarde avec étonnement cette rosace tricolore. Mohammed laisse échapper un sourire narquois.

> « Vous savez ce que c'est ?
> C'est le symbole de la République », lance l'un d'entre eux.

Chacun tente de la placer sur un endroit adéquat : trousse, veste, tee-shirt... Tout cela non sans quelques difficultés… Ils peinent à accrocher la République ou serait-ce la République qui peine à les accrocher ?

Ils sont affectueux, polis, respectueux et bourrés d'idées. En revanche, la tonicité de la voix de la députée ainsi que ses premières paroles sur la signification de la cocarde musèlent la classe. Les interactions ne sont pas tout à fait immédiates et dessinent une relation déséquilibrée dans l'échange. Pourtant, dans le cadre du Parlement des enfants, ils ont conçu plusieurs lois, votées pour certaines, en ont discuté avec Hubert Reeves. Leur travail de terrain – impressionnant au demeurant – devrait leur donner une légitimité à équilibrer la discussion. Florence Granjus démarre une session de questions-réponses. La discussion couvre des sujets propres à son métier de député. Ce qui semble en intéresser plus d'un. Avin souhaite connaître l'emploi du temps et mesurer la charge de travail, quand Kati s'inquiète du peu de temps qu'il reste à la députée pour voir sa famille. Soujoud pose de nombreuses questions sur le rôle politique d'un député, ce qui ne manque pas d'intriguer Florence Granjus :

> « Toi, j'ai l'impression que tu voudrais être députée plus tard ?
> – Oui, répond Soujoud avec un sourire impressionné.
> – Et que voudrais-tu faire en particulier ?
> – Voter des lois pour la nature et travailler pour améliorer la santé des gens. »

Au fur et à mesure que la discussion se déroule dans cette lourde chaleur de juin, Florence Granjus se montre attendrie et plutôt surprise par les connaissances des enfants sur le sujet de la biodiversité.

> « Vous savez, cela fait longtemps qu'on parle de ce sujet, pourtant on a encore du mal à faire bouger les choses, même

si nos connaissances se sont améliorées, il n'en reste pas moins que peu de progrès ont été réalisés.
– Qu'est-ce qu'il s'est passé alors ? » demande Mohammed.

Un rictus se dessine sur le visage de Florence Granjus en guise de réponse.

« Tu sais, les intérêts des uns ne sont pas toujours compatibles avec ceux des autres.
– Mais pourtant sauver la planète ça devrait mettre tout le monde d'accord, rétorque vivement Bilal.
– Oui, mais nous ne sommes pas toujours tous d'accord sur la manière de s'y prendre.
– Comment fait-on pour mettre les gens d'accord ? » demande Maélys.

Je sens que les petits citoyens de Montaigne entament le « réveil vert » dont Hubert Reeves nous avait parlé quelques jours auparavant. Toujours debout, Florence Granjus cherche une explication tangible et intelligible pour cette vertigineuse question dont elle souligne la pertinence : « Oui, comment fait-on pour mettre les gens d'accord ? » Et a fortiori sur l'urgence climatique et la sixième extinction que nous vivons actuellement. Échanger, écouter, discuter, comprendre, proposer et surtout agir, voilà les mots formulés par la députée en guise de méthode. Pour ma part, je suis cueillie par l'aplomb de Maélys d'habitude si douce. Les relations qu'elle est capable d'établir entre les différentes sources du problème m'épatent.

Pourtant sauver la planète ça devrait mettre tout le monde d'accord

Une invitation à l'Assemblée nationale

> « Si un jour, dans une de vos réunions, vous parlez de la biodiversité, vous pourrez parler de nous ? » demande Bilal.

La réponse ne se fait pas attendre. Florence Granjus confirme en ouvrant le champ des possibles :

> « Je dirais même qu'il faut que vous veniez à l'Assemblée nationale pour auditionner des experts et faire avancer encore votre projet de loi. »

J'aperçois Thomas qui saute sur sa chaise : « Aller à l'Assemblée pour proposer notre loi ! » Il n'en revient pas. Les enfants ont convaincu leur députée par leur travail, leur écoute et la pertinence de leurs questions. Soujoud ne pouvait rêver mieux. Le tapis rouge est déroulé pour celle qui a permis à sa classe de rencontrer Hubert Reeves et qui s'interroge sur la manière la plus efficace d'agir. Dans l'enthousiasme soulevé par la proposition de Florence Granjus, un détail nous a échappé. Un détail « logistique » qui a pourtant son importance. Nous sommes à la fin de l'année scolaire. Dans quelques jours, les élèves pousseront pour la dernière fois les portes de leur école élémentaire. La classe de sixième les attend. Alors comment faire pour organiser cette visite à l'Assemblée et maintenir ce projet de loi sur lequel ils ont tant travaillé ?

Moi aussi, je suis embarquée par la promesse de la femme politique. Moi aussi, je suis enthousiaste à l'idée que leur engagement scolaire prenne un autre chemin, celui d'un engagement citoyen. Allez, l'intendance suivra ! Nous réfléchirons logistique plus tard. Cette proposition m'a donné une idée. Il est temps de saluer Florence Granjus.

La suite du tournage se fera hors de la classe. Rien de mieux pour sauver la nature que de la connaître. Anaïs a prévu une sortie nature que j'attends de filmer avec impatience. Après le déjeuner, la classe file dans un petit bras de forêt. Anaïs, chargée d'un sac à dos, les questionne sur ce qu'ils voient. Elle stimule inlassablement leur curiosité, leur demande d'établir des comparaisons avec les forêts de l'Isère qu'ils ont découvertes pendant leur classe verte. Les réponses s'accumulent et les différences entre les forêts situées près des villes et celles situées dans un environnement plus rural sont intégrées.

> « Maîtresse ! Il y a moins de traces d'animaux sur le sol, envoie Maélys.
> – Ah oui, et pourquoi à ton avis ?
> – Parce qu'il y a beaucoup de passages.
> – Oui, et surtout écoute, si on se tait, vous allez entendre le bruit des voitures. »

Dans la fraîcheur salutaire de ces bois, j'entame une discussion avec Soujoud. Son désir de « voter des lois » m'intrigue. Nous passons en revue les événements des derniers jours. « Avant cette année, je ne connaissais presque rien sur la biodiversité et, maintenant, je sais des tas de choses. Comme, par exemple, que nous ne sommes pas seuls sur la planète, et qu'il ne faut pas penser seulement aux hommes. » Le rôle de l'école est ici éclatant : cette jeune fille est convaincue que ce sont les lois et l'action qui aideront à protéger la planète. Quand je lui demande ce qu'il faudrait faire pour sauvegarder notre nature, sa réponse fuse : « La laisser vivre ! Il faut avoir du cœur pour la Nature. »

Ce sont les lois et l'action qui aideront à protéger la planète

Tu as raison, Soujoud. Il faut avoir du cœur pour sauvegarder la nature. Et sans doute pour réveiller le monde encore sourd à l'urgence environnementale. Maélys, Erin et Antony s'extasient devant un couple de scarabées qu'ils souhaitent adopter. Ils rient aux éclats s'émerveillant des facéties des deux insectes qui grimpent sur le rebord de leur casquette. Rémy discute avec Anaïs. Il se souvient avec émotion de la nuit étoilée de Barrioz : « Le ciel était scintillant de lumière ! »

« Alors, justement, en quoi la loi que vous voulez soutenir sur la pollution lumineuse aurait-elle un impact, ici, dans cette forêt ? leur demande Anaïs.
– Ça empêcherait les animaux de se tromper sur leur cycle de vie, ils auraient moins de prédateurs. »

La jeune enseignante sourit, heureuse de constater qu'elle récolte aujourd'hui les fruits du travail de cette année scolaire si riche. Celle pour qui la transmission est un but en soi perçoit son métier comme celui d'un jardinier qui plante des graines et observe leur germination. Nous marchons toutes les deux, côte à côte, toujours enchantées par le déroulé de ces derniers jours. Je ne cesse de lui dire qu'elle suscite des vocations, je prends notamment le cas de Soujoud ou Maélys, prêtes à embrasser une carrière de députée. Je lui raconte l'histoire de M. Germain et Albert Camus. J'ajoute que mon rôle est de mettre en lumière ce qu'elle fait pour notre société : instruire et éveiller les consciences. L'histoire que nous vivons est passionnante. J'ai une idée pour eux :

« Et si nous rêvions plus haut encore ? Plus haut que l'Assemblée nationale proposée par Florence Granjus. Et

si ce projet de loi, c'est au ministre Nicolas Hulot que nous le portions ?
– Chiche ! » répond Anaïs.

Dès le lendemain, j'interpelle à coups de texto et de mail tout mon réseau pour trouver un accès au ministère. Je réussis à joindre le chef de cabinet. L'accueil est chaleureux et les promesses enthousiasmantes : « Bien sûr, cela plaira au ministre. Les vacances approchent pour tout le monde, alors recontactons-nous à la rentrée pour caler tout cela. »

Rêver encore plus grand

Comment faire de cet hypothétique rendez-vous fixé entre adultes une rencontre concrète pour ces enfants ? Il est clair que nous pouvons offrir à Nicolas Hulot, qui a avalé tant de couleuvres, une bouffée d'air. La jeunesse a quelque chose à dire et surtout quelque chose à faire. En parallèle, je demande à Anaïs de m'envoyer un message vidéo dans lequel les enfants expliqueraient leurs travaux et demanderaient à rencontrer le ministre. Ni une, ni deux, je reçois la vidéo le soir même. Notre binôme s'est trouvé. Depuis la venue d'Hubert Reeves, il s'est passé quelque chose entre nous : une connexion. Ce documentaire que je construis a coulé le ciment d'une relation de confiance qui m'honore et m'oblige chaque jour davantage. Nous sommes animées de la même énergie, des mêmes valeurs et du même désir de nous mettre au service de la jeunesse. Et c'est maintenant.

Ma page Facebook comporte plus de 30 000 fans. Même si l'algorithme de Zuckerberg en a ravagé la performance, il y a tout de même quelque chose à jouer. J'effectue un montage rapide de la vidéo. Les enfants sont tous réunis autour de Maélys, qui déclame avec force :

« Bonjour Monsieur le ministre, nous sommes une classe de CM2 à Poissy. Nous avons été au Parlement des enfants, nous avons rencontré Hubert Reeves qui a été notre source d'inspiration. Nous bougeons nos familles et maintenant le monde. Pourrions-nous vous rencontrer, s'il vous plaît ? »

Je la poste sur ma page. Quelque 10 000 vues pour cette vidéo en pleine période estivale permettent d'inscrire la démarche des enfants dans la durée. Quelques jours plus tard, je décide d'emmener Anaïs avec moi pour tourner une interview d'Hubert. La transmission s'entretient. Je me suis employée à le tenir informé des projets des enfants. J'aimerais qu'Anaïs lui annonce qu'ils sont invités à l'Assemblée. Ce début de mois de juillet est particulièrement chaud. J'embarque l'équipe de tournage dans la voiture : en route pour Malicorne, la résidence emblématique d'Hubert Reeves ! C'est là qu'il écrit la plupart de ses ouvrages. Deux heures de route suffisent pour atteindre le paradis boisé tant aimé d'Hubert. Il nous accueille avec sa gentillesse légendaire. Il est heureux de nous présenter son parc d'arbres centenaires ainsi que le système solaire qu'il a recréé en végétation. Puis Anaïs sort sa tablette pour lui montrer la vidéo des enfants :

« Florence Granjus, notre députée, nous a invités à l'Assemblée nationale pour présenter notre loi. Voulez-vous venir avec nous ? » lancent en chœur les enfants.

Hubert est ému. Très touché par la demande de cette quinzaine d'enfants. Il confirme que si sa forme le lui permet, il viendra, bien sûr. Je mène ensuite mon entretien pour recueillir sa parole sur l'engagement de ces jeunes.

Au fil de notre discussion, je perçois, avec davantage de force aujourd'hui, qu'il anticipe clairement ce qui va arriver :

> « Le mouvement des jeunes est croissant, et il est d'autant plus pertinent qu'il n'est animé d'aucun intérêt personnel. Et ça, c'est un Putain de Facteur Humain qui me plaît ! »

J'ajoute une dernière question sur Nicolas Hulot. Le Plan biodiversité est tombé la veille, le sentiment d'Hubert sur celui qui est encore ministre m'intéresse :

> « Quand vous faites de la politique, vous êtes quelquefois obligé d'accepter de faire des compromis qui peuvent vous faire perdre votre crédit. Jusqu'ici, je trouve qu'il s'en tire plutôt bien. On verra à l'avenir, parce que cela peut être plus compliqué. »

Hubert le visionnaire a encore frappé. Un tremblement de terre politique se prépare. Et son épicentre se trouve dans le studio de France Inter, le 28 août vers 8 h 30.

6

LA NATURE A HORREUR DU VIDE

Début de l'année scolaire 2018-2019. Les enfants entrent au collège. Quelle suite donner à leurs projets ? La démission de Nicolas Hulot, le 28 août, accélère les décisions : il faut continuer ! En octobre, les élèves créent leur junior association : le Lobby de Poissy est né.

Il vient une heure où protester ne suffit plus : après la philosophie, il faut l'action.

Victor Hugo, *Les Misérables*

28 août 2018 – conversation Whatsapp

> 08:21 : 09 : Anaïs Willocq : Hulot sur Inter.
> 08:23 : 38 : Elsa Grangier : Eh oui !
> 08:25 : 19 : Anaïs Willocq : Hulot vient de dire : « Est-ce que j'ai une société dans la rue pour défendre la biodiversité ? »
> 08:26 : 36 : Anaïs Willocq : Mais naaaaaaan. Il arrête !
> 08:26 : 44 : Elsa Grangier : Merde.
> 08:27 : 40 : Anaïs Willocq : Pas possible !
> « Je ne veux pas donner l'illusion que ma présence au gouvernement signifie que nous sommes à la hauteur de ces enjeux-là. Donc je prends la décision de quitter le gouvernement[1]. »

Comment vont réagir les enfants ? Je les avais tenus informés de mes discussions avec le cabinet du ministre. Que vont-ils penser de cette démission, qui signe au mieux une impuissance sinon une résignation ? Est-ce que cet acte politique tendrait à confirmer que leur engagement, leurs travaux, leur énergie sont vains ? Et qu'il n'y a plus rien à faire à part « s'asseoir sur le rebord du monde et voir ce que les hommes en ont fait[2] » ? Les lobbys incriminés ce matin d'août sur France Inter auraient-ils fini par gagner ?

Une démission inattendue : celle du ministre de la Transition écologique et solidaire

La désillusion m'assaille puis laisse place à la colère. Les enfants tiennent tellement à cette rencontre ! Il est *impossible* d'en rester là. Pour eux, il faut continuer. Et

1. Extrait de l'entrevue de Nicolas Hulot chez France Inter le 28 août 2018.

2. Chanson de Francis Cabrel, « Assis sur le rebord du monde », extraite de l'album *Samedi soir sur la Terre*, 1994.

leur donner de la reconnaissance pour ce qu'ils ont déjà accompli. Je réfléchis. Je me souviens des paroles d'Hubert : « Nous sommes dans un combat. Et d'abord, c'est la veillée d'armes, celle qui permet d'unir nos forces. » Je rappelle Anaïs. Le désenchantement du début de matinée fait place à une envie d'en découdre. Ne pas briser le rêve des enfants de Poissy. Alors, sans beaucoup d'états d'âme, nous nous mettons toutes les deux en ordre de bataille :

> « On ne peut pas rester comme cela, il faut faire quelque chose pour les enfants.
> – Absolument, demandons-leur d'abord, s'ils veulent continuer de travailler sur leur projet de loi. Je pourrais les soutenir, le temps d'aller à l'Assemblée avec Florence Granjus » affirme Anaïs.

Ensuite, nous échangeons quelques messages avec les parents : Souraya, et Ella pour Maélys. Les trois anciens CM2 sont les plus impliqués sur le sujet. Ils sont les relais efficaces vers les autres enfants. Nous organisons une réunion afin de mesurer si les vacances n'ont pas affaibli leur désir de sauver la nature. J'arrive à Poissy. Ils sont dix à nous attendre. Sans surprise, la réunion s'ouvre sur la démission de Nicolas Hulot. Les enfants n'en reviennent pas. Leur sidération se mesure encore. Thomas nous dit que certains de ses camarades ont même versé quelques larmes. « Il ne peut pas démissionner, c'est comme si il nous laissait tomber » déplore Maélys. Puis Anaïs expose les faits, revient sur l'invitation lancée en juin par Florence Granjus. Je sais qu'il va falloir la rappeler à nos bons souvenirs pour mettre en place cette table ronde à l'Assemblée. Puis, devant les yeux encore médusés de ces petits citoyens, je m'engage à faire le maximum pour leur permettre de rencontrer Nicolas Hulot. Ministre ou pas. Les regards s'illuminent, la fierté revient. Anaïs leur demande s'ils souhaitent prolonger leur engagement. Réaction sans appel. Les jeunes collégiens ne lâcheront pas leur combat pour la nature. « Il faut continuer, tous les rêves peuvent s'exaucer. Et celui-là, c'est le nôtre », martèle Soujoud. Au tour de Maélys de s'exprimer : « On ne va pas tout abandonner comme cela, on va faire quelque chose. » Oui mais quoi ?

Quand Nicolas Hulot a démissionné, ça m'a fait un choc. J'ai pensé que plus personne n'allait s'occuper de la nature. À l'école, on parle du réchauffement climatique, des animaux qui disparaissent alors si personne ne s'en occupe, ça fait peur. Et puis, en fait, en travaillant avec le Lobby, je me suis aperçue que nous, les enfants, nous pouvions faire des choses, parce qu'on nous écoute. Ensuite, quand j'ai rencontré Nicolas Hulot, j'avais plein de questions. Pourquoi il est parti. Qu'est-ce qui l'a empêché d'agir ? Comment sera la nature en 2050 ? Il nous a répondu simplement et clairement. Il explique bien. Parfois il avait l'air triste quand il nous racontait ses histoires, mais on a quand même passé un très bon moment. Il nous a même dit qu'il pourrait faire venir un chef indien à Poissy pour parler des peuples premiers. C'est grâce à lui que j'ai appris ce qu'étaient les peuples premiers et pourquoi il fallait les préserver.

Philippine

Maintenant, il s'agit de leur expliquer que cet engagement peut prendre une forme hors de leur cadre scolaire, d'autant qu'Anaïs n'est plus leur enseignante. S'ils le souhaitent, ils peuvent constituer une « junior association ». C'est un statut qui permet à des jeunes mineurs de s'organiser autour d'un projet. Ce statut garantit les mêmes droits que ceux des associations déclarées en préfecture. Le travail administratif est moins lourd que dans le cas d'une association loi 1901.

Rebondir en créant une junior association : le Lobby de Poissy

Anaïs les assure de son soutien logistique, pour rédiger les mails auprès des institutions et pour les épauler dans leurs futures démarches. Maélys, Soujoud, Thomas et les autres sont emballés. Reste à savoir s'ils seront encore plus nombreux. La sixième est une sacrée étape et requiert beaucoup d'implication, ce qui pourrait freiner les ardeurs de certains. Depuis mon immersion dans cette REP-REP + de Poissy, je perçois que des braises citoyennes se débattent pour continuer d'exister. Notre rôle d'adulte responsable, comme Anaïs l'a formulé, est d'ouvrir le champ des possibles, autrement dit, d'entretenir ces petites flammes pour que « notre » présent construise « leur » demain. Dans ma conscience, tout devient clair, je suis au service de ce qui est en train de devenir sous mes yeux le Lobby de Poissy. Le premier lobby protecteur de la planète représenté par des enfants.

Ce nom, Lobby de Poissy, est apparu assez simplement, voire très logiquement. Rappelons-nous : Nicolas Hulot n'a cessé d'insister sur le poids des lobbies les rendant responsables de l'impossibilité à agir en matière d'écologie. Ils ont été la cause de sa démission. Elle-même, catalyseur de la volonté des enfants de continuer à agir. Une vraie réaction en chaîne. Les enfants ont pris le contre-pied et joué le second degré. Il s'agira d'expliquer qu'un lobby peut être positif, tout dépend de quel côté de la barrière il est situé. Du côté lumineux ou obscur de la force. « Comme on vient tous de Poissy, ce sera le Lobby de Poissy », conclura Maélys. Cela convient à tout le monde.

Voici donc, Mesdames, Messieurs : le Lobby de Poissy, le bien nommé. La réunion se termine. Nous nous quittons, plus légers. L'énergie est revenue. Nos têtes sont pleines de projets, dont le premier est la constitution d'un groupe Whatsapp « Lobby de Poissy ». Ce groupe devient notre courroie de transmission. Ses membres : les parents, les enfants, Anaïs et moi. Étape 2 : ré-interpeller l'ancien ministre. Alors je me lance dans le montage d'une nouvelle vidéo pour les réseaux sociaux. Cette vidéo reprend une partie des images que j'ai déjà tournées, des photos du tournage ainsi que le premier message que les enfants avaient adressé à l'ancien ministre, le tout soutenu par quelques propos de ma part.

> « Oui, cher Nicolas Hulot, cette société qui défend la biodiversité, n'est pas dans la rue. Elle n'est pas *encore* dans la rue. Mais elle est dans les salles de classe et elle a 11 ans. Elle s'appelle Soujoud, Mohammed, Joshua, Thomas, Maélys… et aussi Anaïs, Hubert et Elsa. Alors comme vous l'avez dit hier, il faut savoir être disruptif, savoir créer de nouvelles opportunités par rapport à ce qui arrive. Quand on a 11 ans, on ne peut pas être taxé d'appartenir à un quelconque lobby. Et c'est peut-être là qu'il y a quelque chose à creuser. Pour tous nous fédérer, nous allons créer officiellement le Lobby de Poissy. Le lobby écologique géré par des enfants de 11 ans. Ce que je vous propose, Nicolas Hulot, maintenant que vous êtes un peu plus disponible, c'est de devenir membre du Lobby de Poissy. »

Postée quelques jours après la démission assourdissante de l'ancien ministre, cette vidéo totalise plus de 90 000 visionnages, et des centaines de soutiens de toutes parts. L'un d'eux aura une importance toute particulière. J'y reviendrai. C'est maintenant au tour de Soujoud de crier son mécontentement au moyen d'une autre vidéo postée sur les réseaux. Et elle invite Nicolas Hulot à rejoindre le tout nouveau Lobby de Poissy : « Vous ne pouvez pas nous abandonner comme cela ! »

Maintenant, il s'agit de faire exister concrètement cette association. Quelques jours après la réunion, Maélys, Soujoud et Osswa, nouvelle recrue et sœur de Soujoud, déposent avec l'aide précieuse d'Anaïs le formulaire de constitution de la junior association. L'émotion est palpable. Elles m'envoient une photo immortalisant l'instant. Je ne vois que trois immenses sourires tenant une feuille blanche. Il ne reste plus qu'à attendre l'officialisation. Je leur suggère de réfléchir à un logo. Les deux sœurs, dotées d'un talent certain en arts plastiques, se proposent de le réaliser. Et comme Soujoud a plaisir à tourner et monter des petits clips, elle prend l'initiative de filmer la création du logo.

Le logo: des enfants, unis, en barrière protectrice d'une Terre qui agonise

Une multitude d'enfants de toutes couleurs de peau, de tous types de cheveux, vêtus de tons vifs forment une ronde. Ils se tiennent par la main. Et cette ronde épouse le contour d'une Terre à préserver. Soujoud et Osswa soignent la typographie du logo. Elles placent le nom de leur association au centre de cette Terre. Tout y est. Des enfants, unis, en barrière protectrice d'une Terre qui agonise. Pour Osswa, la symbolique est forte : ce sont des enfants qui marchent vers l'avant.

Maintenant, il convient de réfléchir aux actions que cette association veut mener. Protéger la biodiversité oui, mais comment ? Plusieurs hypothèses se dégagent des réunions organisées chez les uns ou les autres. Anaïs n'en manque jamais une, ce qui nécessite une sacrée souplesse dans l'organisation de cette mère de trois jeunes enfants. Léon vient d'entrer en CE_1, quant aux jumeaux, Sacha et Antoine ils sont à la crèche. La présence rassurante d'Anaïs guide les jeunes lobbyistes. La rencontre avec Florence Granjus les a marqués. Ils ont eu accès à une députée, ils ont saisi qu'une des clés se situait ici. Ce que ne manque pas de souligner Maélys, pour qui la politique s'exerce déjà au conseil municipal junior de Poissy :

> « J'aimerais qu'on s'adresse à tous les députés ainsi qu'à des personnes puissantes qui s'intéressent à l'écologie, comme ça, on pourra leur donner notre ressenti pour la planète. »

Au cours d'une des premières réunions, quelques noms fusent. Thomas souhaite rencontrer Yann Arthus-Bertrand et Yannick Jadot pour discuter de l'avenir de la planète. Ce dernier se lance dans la campagne pour maintenir son poste de député au Parlement européen. Et si le Lobby de Poissy s'invitait dans la campagne des Européennes qui aura lieu en mai suivant ? Nous sommes en octobre 2018. Tout semble possible maintenant que la junior association existe. Les lobbyistes vont aller à l'abordage des têtes de liste pour faire connaître leur projet.

De mon côté, je sais bien qu'il va nous falloir bien plus que de l'envie pour que le combat et les exigences de ces enfants soient portés vers le succès. Il va nous falloir quelques aides précieuses. Comme à l'accoutumée, j'adresse un email à Hubert pour le tenir informé de nos aventures, et lui demande s'il accepterait d'être le parrain de la junior association. « Bien sûr, je vous accompagne de cœur dans ce mouvement. » Hubert Reeves intégré officiellement dans les rangs du Lobby de Poissy devrait contribuer à donner corps à ses ambitions.

À la recherche d'appuis

L'automne avance. J'entame mes démarches auprès des chaînes de télévision, avec pour principal outil une bande-annonce issue des jours de tournage. Ces derniers ne sont toujours pas couverts par une quelconque intention de diffusion d'une chaîne de télévision. J'envoie un dossier de présentation aux unités documentaires de France et de Navarre, avec comme intention de réalisatrice : « D'une classe verte aux élections européennes : à 12 ans, ils vont sauver la planète – Retour sur le parcours d'un engagement citoyen né à l'école ». Suivent une pluie de refus. Parmi lesquels Arte : « Sujet d'ampleur, jolie idée, touchante, malheureusement trop de propositions autour de cette thématique pour pouvoir nous engager sur toutes celles que nous recevons. » Beaucoup de documentaires sur une jeunesse qui s'engage ? Tiens, je n'en vois toujours pas sur les antennes…

Sans média derrière eux, je crains que leur croisade verte ne finisse

France 3 : « C'est une jolie histoire. Les premières images sont superbes. La réalisation léchée. Vraiment c'est bien. En revanche, avec notre nouvelle organisation, cela ne rentre pas notre ligne éditoriale. » Merci. Au revoir.

On change le monde ou quoi ? Depuis que Nicolas Hulot a démissionné, l'écologie commence enfin à occuper les antennes des chaînes d'info et les unes des journaux. Autant dire que je ne comprends plus rien. Comment dire « non » à des enfants qui s'engagent ? Je vis les pires moments de ma vie professionnelle. Je hurle. Je fonds en larmes à mesure que les portes se ferment. Serais-je incapable de trouver les moyens d'honorer ma promesse envers le Lobby de Poissy : celle de tout faire pour les aider ? Sans grand média derrière eux, je crains que leur croisade verte ne finisse en joli rêve d'ados au fond d'une galerie Instagram.

Il me reste encore une carte à jouer pour donner davantage d'ampleur à leur histoire. Et si Nicolas Hulot sortait de son silence ? Il nous faut atteindre l'ancien ministre qui n'a toujours pas répondu à nos nombreux appels.

7

LA TECTONIQUE DES PLAQUES

Il faut avancer plus vite ! Les jeunes demandent l'aide de Nicolas Hulot. Une rencontre est prévue le 13 décembre 2018.

Les chemins qui mènent à la liberté et à la dignité humaine passent par bien des abîmes et ne sauraient donc mener d'un seul coup aux sommets.

Romain Gary, *Les Enchanteurs*

7 novembre 2018

Nicolas Hulot est ok pour rencontrer le Lobby de Poissy.

Thomas Sotto

Le journaliste à la montre orange fait partie de ceux qui suivent les aventures de mon tournage depuis le départ. Le hasard de nos vies professionnelles nous a fait nous rencontrer sur le plateau des *Maternelles*. Thomas venait défendre une série documentaire sur l'éducation aux médias dans un collège. Cette intervention a scellé les bases d'une entente réciproque. Depuis, nous sommes restés en contact régulier. Dès le début de l'aventure, il a manifesté un soutien certain à l'initiative des enfants et de mon travail. Alors, quand le retour médiatique de Nicolas Hulot est annoncé dans l'émission politique de France 2 qu'il coprésente, je lui demande de lui faire passer plus « directement » la vidéo aux 90 000 visionnages. Même si je sais qu'il est homme de parole, je connais aussi la difficulté de l'exercice. Celle-ci est largement entretenue par la pression du contexte que représente le retour médiatique de Nicolas Hulot. Il va parler deux mois après sa démission. Il est très attendu. Alors, Le Lobby de Poissy qui veut sauver la planète n'est pas prioritaire…

Dix jours. Je n'aurais attendu que dix jours pour recevoir ce feu vert de l'ancien ministre. Quand je reçois le SMS de Thomas, je hurle de joie. Je l'appelle immédiatement pour le remercier. Puis j'enchaîne avec Anaïs. Elle hurle de joie à son tour : « Attends un peu avant d'informer le Lobby. Tant que je n'ai pas de date confirmée par Nicolas Hulot : on ne dit rien. » J'imagine déjà les têtes de Maélys, Soujoud,

Thomas et les autres quand ils apprendront la nouvelle. Dès le lendemain, j'envoie un email à l'ancien ministre.

> Cher Nicolas Hulot,
> Thomas m'a mentionné qu'il vous avait parlé du formidable Lobby de Poissy et que vous accepteriez de rencontrer ses membres.
> Je tenais sincèrement à vous remercier. C'est un message fort que vous adressez à ces enfants. Et vous saluez ainsi leur engagement inédit.
> L'histoire de ce Lobby est incroyable à tout point de vue. Depuis mai dernier, je réalise un documentaire sur les racines de l'engagement. Et c'est dans une REP-REP + si souvent mise à mal, que les racines de cet engagement citoyen vont naître. Et cela va bien au-delà de ce que j'avais imaginé initialement. [...] Ces petits citoyens de 12 ans sont inspirants, engagés, enthousiastes, et surtout ils sont la société civile mobilisée que vous appeliez de vos vœux. Alors, ils souhaitent plus que tout vous rencontrer. Et pour Hubert Reeves : la relève est là. »

Pendant ce temps, à Poissy, les lobbyistes de la première heure motivent leurs anciens camarades de Montaigne pour qu'ils les rejoignent.

Le collège des Grands-Champs de Poissy accueille les nouvelles aspirations de cette génération qui s'engage. Soujoud et Sana ont décidé de s'inscrire au Club Poule, ce qui les occupe deux fois par semaine à l'heure du déjeuner. Ce poulailler pédagogique, construit par des élèves et des professeurs, a été mis en place par Mme De Vita, jeune professeure de science de la vie et de la terre. L'idée est simple : élever des poules au sein du collège. Les tâches sont nombreuses : nettoyer le poulailler, nourrir les trois pensionnaires et récolter les œufs pondus. Soujoud apprécie d'autant plus de s'occuper des gallinacés qu'elles sont nourries par le recyclage des déchets de la cantine. Cette activité remplit un double rôle : apprendre à mieux connaître et respecter les animaux et développer une démarche de développement durable au sein de l'établissement. Située à quelques mètres de l'école Montaigne, toujours dans le réseau d'éducation prioritaire, une bonne partie de la superficie extérieure du collège est réservée à un grand potager entretenu par des élèves de classe SEGPA, où se retrouvent des enfants en grande difficulté scolaire. C'est à cet endroit que s'érige l'habitat des trois poules prénommées : Obama, Maggie et Mousse. La démarche écocitoyenne est portée par la directrice du collège, Sandrine Felquin, qui souhaite obtenir pour les Grands-Champs le label E3D (établissement en démarche de développement durable). Bien qu'elle soit désireuse de faire progresser son établissement vers une prise de conscience des enjeux environnementaux, elle n'en est pas moins surprise de constater l'existence du Lobby de Poissy :

Cela nous interpelle de voir des enfants si jeunes bien engagés. Ils sont un de nos modèles

> « Cela nous interpelle de voir des enfants si jeunes bien engagés. Ils sont un de nos modèles. »

Dans la classe de Mme De Vita, Soujoud, Sana et les autres élèves de sixième B préparent un exposé sur les énergies fossiles et renouvelables. Elle a décidé d'organiser un débat sous forme de jeu de rôle. L'objectif est que ses élèves maîtrisent non seulement les notions scientifiques, mais aussi qu'ils puissent argumenter sur ce sujet omniprésent dans l'écologie d'aujourd'hui. N'oublions pas que les énergies fossiles sont responsables de 80 % des émissions des CO_2, et ce sont ces mêmes émissions de

CO_2 qui sont responsables à 60 % des gaz à effet de serre provoquant le réchauffement climatique. Soujoud et Sana travaillent ensemble. Et justement, elles ont choisi le sujet « controversé » du pétrole. Les deux jeunes filles prennent la parole devant leur classe. Elles expliquent et mettent en avant les inconvénients avérés de la surexploitation du pétrole aujourd'hui. Pas facile de prendre la parole en public pour ces enfants travailleuses, sages et timides. J'avais déjà pu observer cela lors des tournages dans leur classe de CM2. Pourtant je sens déjà qu'elles gagnent en confiance. Elles s'affirment. Et surtout, je dois dire que je suis assez bluffée de constater qu'elles maîtrisent les outils de présentation. Il leur aura fallu une petite heure pour placer leur recherche et leurs arguments sur leur tablette. Cette génération s'approprie instantanément les outils technologiques pour asseoir une bonne communication. Seront-ils mis au service de la préservation de notre environnement ?

Je n'ai pas eu besoin de beaucoup de mots pour convaincre Nicolas Hulot de rencontrer le Lobby de Poissy. « On se voit quand ? Il va falloir prévoir car je suis peu à Paris. » La date du 13 décembre est retenue. Je peux enfin l'annoncer « officiellement » aux enfants. Je file à Poissy. Anaïs a tout organisé :

> « Nicolas Hulot a accepté de vous rencontrer, ce sera en décembre.
> – Décembre ? De cette année ? lance Thomas.
> – Oui, c'est ça ! »

Je vois le sourire contenu de Soujoud qui n'en croit pas ses oreilles. Maélys rationalise en précisant qu'ils vont pouvoir lui parler de leur loi contre la pollution lumineuse. Passé la sidération, je sens l'agitation et l'excitation des enfants poindre. Après avoir essuyé la déception de sa démission, ils sont galvanisés par sa réponse à leur message envoyé sur les réseaux sociaux. Ils ont été entendus. Cette nouvelle providentielle me permet de relancer tous les contacts pris avec les conseillers des chaînes de télévision. J'active mon réseau, explorant les moindres recoins de mon répertoire téléphonique. Si nous voulons poursuivre l'aventure, il faut médiatiser l'engagement des enfants. Je m'improvise « attachée de presse ». Je rédige un communiqué que j'adresse à quelques rédactions. Quelques âmes de twittos bienveillants se font le relais de ce communiqué jusqu'à ce qu'il finisse par atterrir sur le bureau de la rédaction du *Parisien* Yvelines. Et le 25 novembre un très joli papier paraît. Tout y est présenté : le parrainage d'Hubert, la constitution de la junior association, l'invitation à l'Assemblée lancée par Florence Granjus. La fierté envahit enfants comme parents. Voilà que leur mouvement fait l'objet d'une reconnaissance « officielle » par les médias locaux. Cela vaut d'ailleurs une première interview pour Soujoud :

Les enfants ont tous le droit de se mobiliser, c'est notre planète, notre avenir

> « Les enfants ont tous le droit de se mobiliser, c'est notre planète, notre avenir. On se sent d'autant plus fort que nous réalisons l'ampleur prise par notre mouvement. »

Le Lobby de Poissy se fait connaître

L'ampleur se mesure également au bouche-à-oreille. Leurs réseaux sociaux créés, Anaïs et moi publions pour eux quelques photos. Pour l'instant, nous les protégeons de cette plongée dans l'arène virtuelle, où se croisent les pires travers de la nature humaine. Nous en ferons les frais plus tard.

Souvenons-nous, Florence Granjus avait invité les élèves de Poissy à l'Assemblée en ciblant « la rentrée », donc septembre. Cette invitation n'a pas été maintenue. Décalée. Un coup dur pour le Lobby de Poissy. J'ai appris au fil de cette histoire que les événements qui ne se produisent pas comme prévu ouvrent sur d'autres opportunités. J'aime à me dire cela. Parce que dans ce cas de figure, il nous faudra encore pas mal de revers avant de gagner en sérénité face aux tribulations de la vie du Lobby. Notamment celui qui vient.

Quelques jours avant la rencontre avec Nicolas Hulot, un mail de la Chaîne parlementaire torpille mes espoirs de soutenir « médiatiquement » donc plus « puissamment » le mouvement embryonnaire du Lobby de Poissy :

> Nous avons choisi des projets documentaires sur des sujets que notre chaîne n'avait pas encore traités ou que nous avons considéré comme plus prioritaires éditorialement. Il est toujours difficile de refuser de beaux projets, nos choix ne remettent pas en question la qualité du vôtre ni sa pertinence pour notre antenne.

J'essaie de me faire une raison et me polarise sur l'événement majeur qui nous attend tous. Le 13 décembre, nous allons rencontrer celui sans qui le Lobby de Poissy n'aurait jamais vu le jour : Nicolas Hulot.

Depuis quelques semaines, la France vit des temps chahutés. Un mouvement populaire citoyen déferle sur les ondes et les antennes : les gilets jaunes. Depuis mi-novembre 2018, les ronds-points des villes et villages sont les nouveaux carrefours de contestation sociale. Le cri de colère à l'encontre de la taxe carbone s'élève au milieu des espoirs carbonisés par les croissantes inégalités sociales. Le président Macron tarde à leur répondre. La colère gronde.

Retour aux ateliers de travail

Comme à son habitude, Anaïs a tout prévu. Rien n'est laissé au hasard. Les jeunes se sont réunis déjà deux fois. Tout cela hors du temps scolaire. Les parents sont dans la boucle, rassurés par la personnalité et les capacités d'organisation de l'ancienne maîtresse de leurs enfants. Du haut de leurs 12 ans, ils ont préparé la présentation de leur projet et de leur histoire à destination de l'ancien ministre. Ils ont dessiné leur logo sur un grand carton qu'ils emmèneront avec eux. « C'est un grand honneur de rencontrer Nicolas Hulot, en plus moi j'ai pleuré quand il a démissionné », confie Rémy, les yeux rieurs. Les sessions de travail se déroulent de la même manière que lorsqu'ils étaient en classe avec Anaïs. Les réflexes sont là. Les habitudes aussi. Distribution de feuilles de documentation sur le ministre préparées par Anaïs. Discussions. Travail en petits groupes. Ensuite, ils définissent qui dira quoi. Cette réunion a des allures de « veillées d'armes » si chères à Hubert Reeves, leur parrain de cœur.

Le 13 décembre approche à grands pas. J'ai hâte. Je règle les derniers détails avec l'équipe de Nicolas Hulot. Je prends bien soin de préciser que l'intégralité de cette rencontre sera filmée. Je n'oublierai jamais que l'ancien ministre a accepté de rencontrer les enfants non pas pour la communication potentielle que représente mon documentaire, mais bel et bien pour l'engagement naissant des enfants de Poissy. De mon côté, j'attends la confirmation de l'académie de Versailles pour avoir l'autorisation de tourner dans le collège des Grands-Champs. Elle tarde à venir. J'ai imaginé un plan B. Tourner à la Villa Savoye. Malheureusement cela ne me convient guère. Le tournage serait extérieur : imposer deux heures dehors en plein mois de décembre à une flopée d'enfants ne m'enchante pas. Je reçois un texto de Nicolas Hulot me demandant si les ronds-points de Poissy sont occupés par des gilets jaunes. Par ce SMS, je saisis que la tension monte d'un cran. Depuis quelques semaines, chaque week-end, des milliers de gilets jaunes se rendent à Paris pour manifester. La violence s'est invitée dans les manifestations. Champs-Élysées saccagés, boutiques dévastées, CRS sur les pavés… le torchon brûle sans que personne ne connaisse l'issue de ce conflit qui s'éternise.

Sans aucun lien, l'académie de Versailles devient le théâtre d'une autre crise. Le 6 décembre 2019, 151 jeunes de Mantes-la-Jolie sont interpellés pour violence urbaine. À genoux contre un mur, mains sur la tête ou attachées dans le dos : les images de leur arrestation ont fait le tour des réseaux sociaux. L'académie de Versailles a fort à faire. Certainement l'une des raisons qui expliquent que je n'ai toujours pas d'accord pour filmer à l'intérieur du collège des Grands-Champs. Il reste deux jours. J'appelle les inspecteurs, les responsables de l'établissement, le cabinet du recteur… rien n'y fait. Je sens que la présence de Nicolas Hulot dérange politiquement. Il n'est plus ministre. Il a « trahi » en quelque sorte, alors les corps intermédiaires ne sont pas très à l'aise. Le 11 décembre, un attentat terroriste ôte la vie de trois personnes à Strasbourg. Le plan Vigipirate est renforcé partout en France. Impossible d'organiser la rencontre dans un établissement scolaire. Et impossible de faire « exceptionnellement » sortir les enfants. Bref, je n'ai pas de lieu pour la rencontre. La mort dans l'âme, j'appelle Nicolas Hulot pour annuler. Sa compréhension est totale. Le contexte social est si pesant pour tout le monde qu'il me confie même préférer que nous décalions.

Oui. Sauf que je ressasse l'adage de ma grand-mère « les oiseaux qui volent ne sont pas en cage ». Hulot est un oiseau qui vole. Planifier une nouvelle date est sans garantie de succès… J'appelle Anaïs. Nous sommes dévastées. Cette rencontre était une bulle d'espoir pour nous tous en ces moments si troubles. Anaïs fait face comme elle peut à l'énorme déception des enfants. Quant à moi, je me raccroche à la promesse de Florence Granjus d'une table ronde à l'Assemblée. Je la relance. Nos déconvenues tombent en pleine COP 24 en Pologne. Peu de médias relaient les discussions de la maison qui brûle. Sauf une jeune activiste de 16 ans que je suis sur les réseaux. Elle s'appelle Greta Thunberg. Le 14 décembre, elle conclut la COP 24 par ces mots :

> « Notre biosphère est sacrifiée pour que les riches des pays comme le mien puissent vivre dans le luxe. Ce sont les souffrances du plus grand nombre qui paient pour le luxe du plus petit nombre. Et si les solutions au sein du système sont impossibles à trouver, nous devrions peut-être changer le système lui-même. »

Greta, si tu savais tout ce qu'on te doit. Sans que tu le saches, c'est grâce à toi que le mouvement du Lobby de Poissy va prendre une tout autre tournure.

8

L'ALIGNEMENT DES PLANÈTES

Pour déployer ses actions, le Lobby de Poissy a besoin du soutien des médias. France tv éducation accepte de lui consacrer une série documentaire. Les enfants seront filmés tout au long de leur aventure.

Un enseignant, un livre, un stylo,
peuvent changer le monde.

Malala Yousafzai

19 décembre 2018

> Bonjour Elsa,
> Je vous remercie pour ce dossier dont nous avons discuté avec Amel Cogard.
> Nous vous contacterons début janvier pour le suivi.
> Bien à vous,
>
> *Tiphaine – Directrice France 4*

Les vacances de Noël approchent. Les lobbyistes de Poissy vont pouvoir se remettre de leur déception en famille. Ils entendent parler de cette autre adolescente qui mobilise l'attention sur l'urgence climatique. Elle s'exprime devant le Parlement européen, l'Assemblée nationale, la COP 24 et tant d'autres instances internationales. À 16 ans, Greta Thunberg interpelle les politiques de tous pays, les plaçant face à leur irresponsabilité : « Vous êtes en train de nous voler notre avenir. » Ces mots claquent face à la communauté internationale. La formule est efficace. Voilà ce qui va permettre au Lobby de Poissy de trouver grâce aux yeux d'un média. L'histoire de la junior association intéresse enfin un diffuseur : la branche éducation de France Télévisions.

Vous êtes en train de nous voler notre avenir

Sur les pas de Greta

C'est à la vitesse T, T comme Twitter, que le monde entier a découvert cette lycéenne suédoise, à l'origine des « jeudis climat ». Chaque jeudi, elle abandonne les cours pour se planter comme un arbre devant le Parlement suédois avec son argument griffonné sur un carton : *SkolStrejk for Klimatet*[1]. Notre monde connecté et avide de nouvelles icônes a propulsé la jeune fille en « Jeanne D'Arc climatique ». Début 2019, une déferlante audacieuse, résolue et un poil cacophonique, lui emboîte le pas. La jeunesse sèche les cours pour envahir les places d'Europe et du monde avec, comme arme de détermination massive, des grèves étudiantes. « No planet B[2] » s'affiche sur les banderoles en guise de protestation contre le réchauffement climatique. Depuis, Greta Thunberg a choisi d'arrêter l'école pour porter sa cause. Fière de mettre en avant ce mode d'action qu'est la désobéissance civile, c'est toute une jeunesse qu'elle appelle à s'indigner, comme un Stéphane Hessel[3] avait tenté de le faire à une autre époque. La plupart des allocutions de Greta sont d'une efficacité remarquable. Reprenons sa prise de parole en décembre 2018 à l'occasion de la COP 24 en Pologne. 3 minutes 29. Voilà le temps qu'il lui a fallu pour saisir l'opinion mondiale en s'exclamant avec gravité : « On n'est jamais trop petit pour faire la différence. »

Ce n'est pas parce qu'on est petit qu'on ne peut pas agir

Maélys me l'a dit avec ses mots : « Ce n'est pas parce qu'on est petit qu'on ne peut pas agir. » Aujourd'hui toutes les forces vives doivent être rassemblées, identifiées et orchestrées non pour détruire un ordre mondial, mais pour construire de nouvelles solidarités puisées dans les âmes fortes de notre jeunesse. Alors oui, les codes sont bousculés. Je l'ai vu chaque fois que les enfants du Lobby de Poissy ont rencontré des personnalités de premier plan. Quels politiques souhaiteraient se voir dicter ce qu'ils

1. Grève de l'école pour le climat.
2. Il n'y a pas d'autres planètes.
3. Auteur d'*Indignez-vous*, Indigène Éditions, 2011.

ont à faire par des gamins ? En quoi ces jeunes sont-ils crédibles à leurs yeux puisque aucun bulletin ne peut encore être porté dans une urne ? Pourtant, force est de constater qu'ils en ont sous le pied, dans le ventre et dans le cerveau. Ils sont loin d'être lobotomisés par les heures passées sur les écrans concédés par des parents en quête de tranquillité.

C'est par le truchement de la télévision que des enfants mobilisés depuis des mois vont pouvoir en faire la démonstration. La veille de ma réunion chez France Télévisions, RTL diffuse un sujet de trois minutes consacré au Lobby de Poissy. Le fameux communiqué de presse a également atterri chez eux, et pas dans n'importe quelles mains, celles du rédacteur en chef adjoint, Ludovic Vandekerckhove. Séduit par le travail de ces enfants, et percevant la montée de la jeunesse engagée sur le climat, il avait déjà relayé quelques messages sur Twitter. Homme de conviction autant que journaliste efficace et apprécié, c'est lui qui a incité sa rédaction à traiter le sujet. Je n'oublierai pas qu'il a été l'un des premiers à mettre en lumière ces jeunes de Poissy. Chaque maillon de la chaîne est essentiel pour assurer la progression de leur mouvement. Chaque marque d'intérêt les porte. « Notre mouvement prend de l'ampleur, alors tout le monde va nous suivre pour sauver la planète. » Tu as raison, Osswa. La rédaction de RTL sera toujours à nos côtés.

Alors, c'est sereine que je démarre ma réunion avec le futur « partenaire média » du Lobby de Poissy. Amel Cogard, directrice de l'Éducation chez France Télévisions, est déterminante pour la suite du projet. Fascinée par l'histoire des enfants de Poissy, elle décide de faire de France tv éducation, avec un budget restreint, l'écrin de leur aventure. L'objectif est simple : raconter cette histoire, telle que vous l'avez lue ici puis la suivre quasiment en temps réel. Je sais que le soutien de France Télévisions va me permettre d'accéder plus « facilement » aux têtes de liste des Européennes et de répondre ainsi aux aspirations formulées par le Lobby à sa création. Aucun politique en campagne ne peut faire l'économie d'une médiatisation sur le service public, a fortiori sur le sujet de l'écologie revenu à la une des journaux depuis la démission de Nicolas Hulot. C'est parti. Entre-temps, après quelques reports, Florence Granjus organise la venue du Lobby de Poissy à l'Assemblée. Elle organise un « colloque » sur la pollution lumineuse afin que les enfants auditionnent des experts et puissent parfaire leur projet de loi. Le rendez-vous est fixé au mercredi 13 mars. Depuis l'annulation de la rencontre avec Nicolas Hulot, la motivation des lobbyistes est retombée. La perspective de voir leur histoire portée à l'écran va renouveler l'énergie.

Un soutien médiatique pour filmer l'aventure

Me voilà à Poissy un dimanche. Souraya, Stéphanie, Ella et Anaïs ont organisé une sortie dans un parc où je dois les retrouver. Je n'ai pas vu les enfants depuis deux mois. Les messages sur notre groupe Whatsapp ont maintenu le lien, mais rien ne remplace le contact humain. J'aperçois Maélys, son frère Jorcel, Soujoud, Osswa et Thomas. Les piliers du Lobby de Poissy sont là. Après quelques nouvelles échangées avec les mamans et les enfants, je sors ma caméra. Je me réjouis déjà de leur annoncer qu'ils vont pouvoir aller « plus facilement et plus rapidement » toucher leur rêve :

> « J'ai parlé de ce que vous avez fait depuis quelques mois à mes contacts chez France Télévisions. Ils aimeraient, si vous êtes d'accord, vous suivre dans vos aventures. Ils voudraient que vous soyez les héros d'une série documentaire sur le site de France tv éducation. »

Les têtes se figent. J'en viens à me demander si je n'ai pas un problème sur la caméra. Puis Soujoud met ses mains sur sa tête, elle n'en revient pas : « Mais c'est génial ! » J'entends les mamans derrière moi qui laissent exploser leur joie et leur immense fierté. Jorcel parle déjà de lancer une invitation pour discuter avec Barack Obama. Thomas imagine s'entretenir avec Emmanuel Macron. Je leur annonce que justement, leur idée de rencontrer et de sensibiliser les politiques a plu. Nous sommes en février. Les vacances d'hiver approchent. Quatre premiers épisodes de la série traitant de la genèse du projet seront diffusés le 11 mars. Le temps est compté. Maintenant, il va falloir qu'on s'organise pour prévoir les rencontres sans que cela ne gêne leur vie scolaire. Chaque journée de tournage se cale le mercredi après-midi ou après les cours. La première sera l'Assemblée. Encore une fois, Greta est sur notre route. Après les grèves étudiantes en Suède, c'est un mouvement planétaire qui a pris corps autour d'elle. Le 15 mars est la journée de grève mondiale, soit deux jours après la venue du Lobby de Poissy à l'Assemblée nationale. La jeunesse qui s'engage devient *enfin* un sujet pour les médias. Le journal de 13 heures de France 2 veut suivre les enfants de Poissy pour cette visite tout à fait exceptionnelle. RTL, Télématin sont également de la partie. La veille de la visite à l'Assemblée, je retourne à Poissy pour préparer le Lobby à l'envahissement des caméras, non seulement pour qu'ils ne prennent pas peur, mais surtout pour qu'ils ne perdent pas le sens leur engagement. « C'est bien que les médias nous suivent, parce que ce qu'on fait est important, mais

Chaque journée de tournage se cale le mercredi après-midi ou après les cours on n'est pas là pour passer à la télé », lance Maélys. Des sourires de satisfaction éclairent les visages des lobbyistes.

Depuis quelques semaines, Anaïs et les enfants préparent intensément le colloque. Le lendemain ils rencontrent Anne-Marie Ducroux, spécialiste de la pollution lumineuse, et Allain Bougrain-Dubourg, président de la Ligue pour la protection des oiseaux (la LPO), durement affectés par la pollution lumineuse. Très amicalement, après avoir découvert le Lobby sur les réseaux sociaux, le maire de Poissy, Karl Olive, permet aux enfants de se réunir au centre André-Malraux en attendant qu'ils aient leur propre local dans la ville. La ruche est en ébullition. Anaïs distribue une feuille récapitulant les questions issues des sessions précédentes. Maintenant, c'est la dernière ligne droite. Les enfants se disposent en groupes de travail, comme ils en ont l'habitude. Thomas se lance dans l'élaboration des questions pour Allain Bougrain-Dubourg : « Pourquoi avez-vous décidé de protéger les oiseaux ? » La concentration est totale malgré la journée passée en classe. Anaïs a tout prévu, les stylos, les feuilles, et les prospectus de la LPO, et des ouvrages pour aider les enfants à travailler leur question. Thomas réfléchit en mordillant les cordons de son sweat-shirt noir. Son stylo tourne autour de son pouce, signe d'anxiété. « Qu'est-ce qui vous a influencé pour protéger les oiseaux ? » Intéressant comme question : celle des sources de l'engagement. Et eux, qui les a influencés pour s'engager de la sorte ?

Dans les océans il y a trop de déchets

Une équipe du journal télévisé du 13 heures de France 2 vient recueillir leurs impressions à quelques heures de l'Assemblée. Réservés, les enfants hésitent dans leurs réponses. Ils sont intimidés. Voilà une autre caméra, et une autre façon de poser les questions. Anaïs en fait les frais :

> « Cet engagement se poursuit hors du temps scolaire, n'est-ce pas une contrainte pour vous ? »

Je vois le visage de la jeune professeure, qui a choisi de travailler en REP-REP + se durcir. Son extinction de voix du jour n'aura pas raison de sa réponse, qui sort franche et droite :

> « Vous savez, souvent à l'école, nous sommes coupés par la fin de l'année scolaire. Alors, oui ce ne sont plus mes élèves. Et, je prends sur mon temps personnel. Ce n'est pas une contrainte, c'est de l'engagement associatif pur.
> – Vous vous attendiez à autant d'engagement dans une REP-REP + ?
> – Ce sont des élèves curieux, engagés et volontaires. Ils ont l'habitude de former un groupe, alors ça ne me surprend pas. C'est même plutôt logique en fait. »

Elle conclut par un « Voilà » qui signifie : « Stop, qu'est-ce que c'est que ces questions ? » Je commence à la connaître, et la stigmatisation de ses élèves est un sujet qui la crispe tant elle le trouve réducteur et destructeur quand il est porté à des heures de grande écoute. Retournons à ce qui ne peut être contesté, l'action. « On n'a qu'une seule planète, il faut arrêter de la dégrader », clame Maélys qui espère bien qu'Allain Bougrain-Dubourg et Anne-Marie Ducroux les accompagneront dans leur projet de loi. Quant à Bilal, lorsqu'on l'interroge sur les gestes à mettre en place pour sauver la planète, sa réponse fuse : « Dans les océans il y a trop de déchets. Et si les bateaux avec des grands filets ramassaient les déchets plutôt que les poissons ? » La réflexion est saisissante

Si on pollue la Terre, on se pollue nous-mêmes

par son évidence et le lien établi entre les causes et les effets. « Si on pollue la Terre, on se pollue nous-mêmes », conclut-il.

Dehors, Souraya attend ses filles. Elle s'inquiète de la médiatisation de l'engagement de Soujoud et Osswa. Elle me regarde comme pour s'assurer qu'elle peut faire confiance à la journaliste qui l'interroge à son tour. Tout comme Anaïs, Souraya est lasse des représentations qu'on peut donner de certains quartiers :

> « Je suis très fière de mes filles. Bien sûr nous faisons de petits gestes, mais quotidiens. Nous avons banni le plastique à usage unique, j'achète de plus en plus en vrac pour limiter les emballages. Mes filles sont des protectrices de la nature et de la biodiversité. Je ne peux que les soutenir. »

La réunion se termine après deux heures d'organisation et de travail. Être lobbyiste à 12 ans demande de la discipline, de l'exigence et la confiance des parents. En les voyant quitter le centre André-Malraux, je constate qu'ils ont des airs de l'équipée fantastique de *Stranger Things*. Pas étonnant que la série à succès ait choisi des enfants comme héros. Comme sauveurs d'une humanité en quête de repères, de spiritualité et d'enchantement.

Demain, c'est le grand rendez-vous tant attendu. Un lobby composé d'enfants invité officiellement à l'Assemblée nationale par une députée. De quoi faire rire Soujoud qui se rappelle que la visite d'Hubert Reeves a été un détonateur : « Hubert Reeves nous a secoués. Comme ce sera notre planète plus tard, nous avons décidé d'agir. » Et ils ne sont pas seuls à vouloir s'impliquer et à s'indigner de l'impuissance des gouvernements. À la fin de cette même semaine, plus de 2 000 événements dans 123 pays sont organisés par la jeunesse du monde[1]. À Paris, on compte 30 000 étudiants sur le pavé. La conscience du monde se réveille !

Espérons que les paroles déterminées de Soujoud feront mouche auprès de la députée des Yvelines.

1. Selon 350.org.

9

FAIRE GERMER LES GRAINES DE LA CONCORDE

13 mars 2019. La députée des Yvelines reçoit le Lobby de Poissy à l'Assemblée nationale où elle a convié les spécialistes de la biodiversité Anne-Marie Ducroux et Allain Bougrain-Dubourg.

Pour faire de grandes choses, il ne faut pas être un si grand génie, il ne faut pas être au-dessus des hommes, il faut être avec eux.

Montesquieu, *Sur l'homme*

6 février 2019

> Bonsoir Elsa,
> J'ai également hâte de vous retrouver le 13 mars prochain !
> Les enfants arriveront pour 15 heures et nous avons organisé leur présence jusqu'à 18 heures.
> Contenu du colloque :
> – Intervention d'Anne-Marie Ducroux et Allain Bougrain-Dubourg, auditions par les enfants de spécialistes de la biodiversité ;
> – Goûter à partir de 17 h 15.
> Lieu du colloque : Assemblée nationale, 101, rue de l'Université, salon Mars.
>
> *Florence Granjus, députée des Yvelines*

Tout est prêt. Le car affrété par Florence Granjus attend les enfants devant le collège. Je profite de ce moment pour remettre à Anaïs les sweat-shirts à l'effigie du Lobby de Poissy. Ces sweats ont été financés par une collecte lancée sur les réseaux sociaux. Anaïs effectue la distribution. La surprise est complète : « Ça y est, nous sommes enfin une junior association ! » lance Yasmin de sa voix éraillée. Les yeux de la petite fille brillent et laissent entrevoir un sentiment d'appartenance immédiat. « On va nous voir, on va nous repérer : ils vont comprendre de quoi nous sommes capables », s'exclame-t-elle. Motivée comme jamais, elle « checke » Kati. Toutes les deux se montrent leur dos avec fierté. Sweat-shirt turquoise et logo jaune. « Les couleurs de Poissy », lance un élu monté à la hâte dans le bus pour accompagner la délégation officielle aux portes du pouvoir législatif. Longtemps méconnu, le Lobby de Poissy suscite l'intérêt municipal. C'est tant mieux, il y a tant de choses à faire. Le joli logo que Soujoud et Osswa ont dessiné renforce les allures de costume de super-héros prêts à sauver la planète. L'armée des petits lobbyistes quitte les immeubles gris du plateau de Beauregard pour les dorures de la rue de l'Université. Qui aurait cru cela possible ? Ils chantent et rient dans le car. C'est l'excitation après tant de mois d'attente et de rebondissements pas toujours simples à gérer.

> « Je me sens plus forte avec le sweat. Et puis, le fait que nous soyons ensemble, ça donne du poids à ce qu'on fait. On va voir qu'on veut bouger le monde ! » me dit Maélys le sourire aux lèvres.

Mesure-t-elle à ce moment que le chemin est encore long et pavé d'embûches ?

Face aux adultes à l'Assemblée nationale

Lucie, journaliste dynamique qui ne compte pas ses heures pour le projet, vient d'intégrer mon équipe. Elle demande à Rémy s'il appréhende ce rendez-vous à l'Assemblée. Aussitôt, le garçon lance : « Non, je n'ai pas peur, parce qu'on est un lobby. Et on veut protéger la nature plus que tout. » Évident ! Voilà qui aurait rassuré Nicolas Hulot. Après une petite heure de transport, le car stationne rue de l'Université. Florence Granjus est aux avant-postes, entourée de micros et de caméras. À deux jours de la première manifestation étudiante pour le climat en France, la venue de ces quinze « jeunes en bleu » interpelle. Un à un, ils saluent la députée qui les a invités. Les sourires d'enfants envahissent les couloirs de l'Assemblée nationale suscitant des regards interloqués ou attendris d'adultes dubitatifs. Au détour d'un couloir, c'est Bruno

Studer, le président de la commission Affaires culturelles et Éducation, qui croise la vague turquoise :

> « Qui êtes-vous ?
> – Le Lobby de Poissy !
> – Pourquoi êtes-vous venus ?
> – On va sauver la planète !
> – Ah… et concrètement ? » lance-t-il ironiquement.

Je l'ai entendue mille fois cette phrase. Mille fois j'ai pesté. Loin de neutraliser leur enthousiasme, les enfants répondent avec une spontanéité désarmante qui achève bien vite l'interrogatoire :

> « Il faut trier ses déchets, arrêter le gaspillage…
> – Et tu as fini ton assiette ce midi ? relance le politique.
> – Non, c'était pas bon à la cantine…
> – Alors tu vois, il faut d'abord commencer par soi-même… »

C'est juste. L'exemplarité est fondamentale quand on travaille avec et pour les enfants. Et en politique, je lui accorderais un coefficient supérieur. Quelques mois plus tard, le même Bruno Studer sera absent lors des deux scrutins visant à interdire le glyphosate, sans apporter aucune justification.

L'occasion d'entrer à l'Assemblée est bien trop belle pour se laisser déboussoler par une parole d'adulte en proie à ses propres contradictions. Direction le salon Mars où les attendent déjà Anne-Marie Ducroux et Allain Bougrain-Dubourg. Les lobbyistes s'installent autour de la table en O. La séance démarre.

À l'écoute des experts

Assis à l'avant de leur fauteuil et en écoute active, les enfants manifestent un intérêt certain pour l'exposé détaillé

Nous sommes en train de faire disparaître la nuit

des ravages de la pollution lumineuse. Anne-Marie Ducroux enchaîne la présentation de cartographies évolutives, de schémas complexes, et de chiffres vertigineux. L'exposé scientifique semble davantage destiné à la horde médiatique plantée là qu'aux interlocuteurs mineurs assis autour de la table. Progressivement l'attention décline. Joshua bâille. Bilal joue avec le micro placé devant lui. Antony lit un fascicule sur l'Assemblée nationale. « Nous sommes en train de faire disparaître la nuit », sonne Anne-Marie Ducroux appuyant son argument de chiffres effarants : « Depuis vingt ans, la lumière a crû de 80 % dans les villes. Et les conséquences pour la biodiversité sont désastreuses. »

Puis, consciente que le dialogue est essentiel, elle laisse place aux questions si méticuleusement préparées par les lobbyistes venus, rappelons-le, l'auditionner, elle. Ils enchaînent allant du pragmatique à la vision d'ensemble. Maélys, la concrète, interroge sur le niveau de compréhension des gens sur ce qu'est la pollution lumineuse quand Yasmin, la rêveuse, cherche à obtenir des conseils sur la meilleure façon d'agir pour sauver le monde. Les réponses sont parfois longues et difficilement compréhensibles pour des enfants de 12 ans. Mais qu'importe, ils s'accrochent et continuent. C'est Soujoud qui pose la question abyssale : « Pensez-vous qu'en tant que jeunes nous pouvons faire bouger les choses ? » Les questions les plus simples sont souvent celles auxquelles il est le plus difficile de répondre. Anne-Marie Ducroux, surprise par leur maturité, improvise une réponse en les incitant à agir localement, et notamment à distinguer les bons des mauvais lampadaires pour en référer à leur maire, via le conseil des jeunes auquel Maélys appartient.

Puis la parole est donnée à Bilal : « Pourquoi, quand vous étiez petit, vous n'avez pas fait la même chose que nous ? » *Bam !* Cette question se fracasse dans les rires tonitruants et gênés des adultes, ricoche dans la tonne de chiffres alarmistes évoqués plus haut, et atterrit dans les constats d'impuissance assénés depuis une heure. Aucun des enfants ne va sourire à la juste provocation de la question de Bilal. Aucun, car cette question est aussi juste que bouleversante. C'est une exigence de comptabilité en bonne et due forme qui émane d'un sweat bleu pacifique, couleur de ce même océan qui se réchauffe à mesure que le temps passe en discussions. Anne-Marie Ducroux riposte avec douceur que le niveau d'information de son époque n'était pas le même, qu'elle-même ne sait plus très bien ce qu'elle faisait à leur âge. Bilal ne s'en contente pas. Pour lui, la nature est une préoccupation qui n'a pas d'âge. Le regard d'Anne-Marie Ducroux semble changer. Elle perçoit une génération dont le questionnement établit enfin les liens de cause à effet. Voici des enfants pleinement conscients des problèmes, qui se mettent en action pour les affronter, guidés par la sensibilisation pédagogique distillée avec soin par Anaïs. En pleine nuit, nous sommes censés apercevoir 7 000 étoiles[1] dans le ciel, la pollution lumineuse permet d'en distinguer à peine 10 au-dessus de Paris. À l'Assemblée nationale, j'en ai vu 15 vêtues d'un sweat bleu flamboyant. Certaines d'entre elles ne cesseront de briller malgré notre ciel pollué.

Pourquoi, quand vous étiez petit, vous n'avez pas fait la même chose que nous ?

Allain Bougrain-Dubourg démarre sa démonstration : « 60 % de la biodiversité s'est éteinte depuis quarante ans ».

1. Chiffres fournis par Anne-Marie Ducroux.

Chaque chiffre évoqué asphyxie, noie, paralyse. En quoi la disparition des oiseaux est-elle un indicateur alarmant ? « Là où il n'y a pas de chant d'oiseaux, il n'y a pas de vie », lance le président de la Ligue pour la protection des oiseaux. Ce qu'annonçait la biologiste et écologiste américaine Rachel Carson dans son livre *Printemps silencieux*. En 1962, elle prouvait déjà les effets néfastes des pesticides sur la chaîne de la biodiversité. En 1962 !

Quelques minutes plus tard, comme pour répliquer à la réflexion de Bilal à l'endroit d'Anne-Marie Ducroux, Allain Bougrain-Dubourg exhorte les enfants, non sans une franche bienveillance, à agir en créant leur propre association. Les longs cheveux noir jais d'Osswa s'ébrouent. Elle fronce les sourcils et chuchote quelque chose tout en serrant très fort la feuille de papier portant les questions qu'elle a préparées. Elle regarde sa sœur à sa gauche qui l'encourage à parler plus fort. Avec ses 10 ans pour atout, et sa détermination pour ouvrir les portes, l'oiseau rare de Poissy interrompt courageusement Allain Bougrain-Dubourg :

Là où il n'y a pas de chant d'oiseaux, il n'y a pas de vie

« Mais, on a créé une junior association !
– Parle plus fort, s'il te plaît », demande Florence Granjus.

La voilà qui débite son explication avec une assurance que je ne lui connaissais pas. Dans son regard il y a de l'agacement. Dans sa voix, de la conviction.

« Nous sommes le Lobby de Poissy. » Vas-y, Osswa ! Elle explique en remontant le temps, souligne que leur rencontre avec Hubert Reeves a été déterminante, qu'ils sont passés d'une classe verte à une junior association hors temps scolaire, et qu'ils ne vont pas s'arrêter là. La maladresse des mots choisis n'entrave en rien la puissance du discours.

> « Eh bien tu vois, je trouve ça vraiment génial ce que vous avez fait. Je vous applaudis. Et vous pouvez servir de modèle à ceux qui se demanderaient ce qu'ils peuvent faire », conclura le président de la Ligue pour la protection des oiseaux.

C'est une flèche de sarbacane qui vient de toucher le cœur du militant fatigué par quarante ans de combat. Allain Bougrain-Dubourg confie plus tard avoir été frappé par la maturité des enfants, leur motivation et leur certaine compétence. « Ils sont une bouffée d'air quand les doutes tirent vers le bas le vieil engagé que je suis. Il leur faut la confiance alliée à la compétence des experts. » Voilà ce que doit être notre objectif pour les mois à venir : gagner en confiance et s'entourer d'experts. Pour l'heure, direction l'hémicycle : une visite des institutions nous attend. Telle une chaîne invincible, les sweats bleus pénètrent le jardin du bâtiment, montent les marches les dirigeant vers la salle des Quatre Colonnes. Avant d'entrer, ils lancent comme dans un haka : « Nous sommes le Lobby de Poissy. On va sauver le monde » et finissent dans un éclat de rire magistral, qui je suis sûre, résonne encore aujourd'hui. Dans le froid apparu avec la tombée de la nuit, Bilal assène : « On a travaillé pour ça. On a ce résultat grâce à notre geste. Maintenant il faut que tout le monde rejoigne le Lobby de Poissy. » La longue journée laisse des souvenirs impérissables dans les yeux bleu azur de Kati. La jeune fille mesure la popularité grandissante du Lobby de Poissy au nombre de caméras présentes. Il va falloir apprivoiser la médiatisation que cette aventure vient de soulever.

Il leur faut la confiance alliée à la compétence des experts

Première exposition publique du Lobby de Poissy

Le vendredi 15 mars, six mois après la constitution de la junior association, l'épopée du Lobby de Poissy apparaît enfin devant un large public. Sujet dans le 13 heures de France 2, sujet dans Télématin, article élogieux de *Télérama*, reportage diffusé sur RTL. Dès le lendemain, la puissance médiatique fait son œuvre : Soujoud, Thomas et Osswa vêtus de leurs sweats bleus sont immédiatement reconnus lors de la Marche du siècle qui se termine place de la République. « Continuez les enfants, c'est bien ce que vous faites ! » Les commentaires positifs alentour les appuient et font immanquablement lever la fierté sur leur visage. « Elsa, tu te rends compte, les gens nous encouragent ! »

Il n'y a pas de planète B

Alors, ils brandissent encore plus haut leur pancarte « Il n'y a pas de planète B ». Une heure de transports en commun, Anaïs, Magali, Souraya et Stéphanie sont venues de Poissy accompagner les enfants et partager ce moment de mobilisation nationale, où chacun a sa place. Poissy et Paris unis dans un même souffle. Celui de la vie. En attendant le concert final place de la République, j'interroge les enfants sur ce qu'ils ressentent et sur la nouvelle icône de l'écologie : Greta Thunberg. Elle vient d'annoncer qu'elle arrête l'école pour se consacrer à son combat. Soujoud est en complet désaccord. L'école pour elle, c'est le moyen de son émancipation, de sa liberté, et de son instruction. « Il suffit de s'organiser. Nous faisons la marche le samedi, et la semaine nous sommes à l'école. Moi, je ne sécherai pas l'école. Il y a d'autres moyens pour s'engager et sauver la planète. » Celle qui lançait sur les réseaux « Greta, je suis ta sœur » il y a quelques semaines affirme une opposition aussi bien de style que de fond. Lucie nous rejoint. La jeune femme tout aussi habitée par le sujet déborde d'énergie et d'audace. Il ne lui aura fallu que quelques minutes pour alpaguer Guillaume Canet à qui elle présente Soujoud. Quelques jours plus tard, Bilal et Maélys l'interpelleront sur les réseaux pour se lancer ensemble dans un *trashtag challenge*[1] et nettoyer une zone de Poissy, appel resté sans réponse.

Sur scène, les figures « engagées » de l'écologie se succèdent : Shaka Ponk enflamme la foule, Cyril Dion déclame un poème, Marion Cotillard lui emboîtant le pas. Les enfants de Poissy ont des étoiles dans les yeux. Ils n'en reviennent pas. Si près de la scène, à quelques mètres des « stars ». L'engagement écologique a pour eux des allures de festival de Cannes. Dans quelques jours, c'est sur le plateau de France Info que nous serons reçus. La médiatisation couplée à l'entrée dans le monde des « happy few » rend tout cela fort complexe à gérer aussi bien pour les enfants que pour les parents. Pas question de starifier l'un d'entre eux. Le Lobby de Poissy est un collectif. Avant même d'assister aux effets de cette hypermédiatisation sur Greta Thunberg, notre vigilance est de tous les instants. Nous, adultes, allons devoir la maintenir.

1. Opération qui vise à nettoyer un endroit en publiant des photos avant et après sur les réseaux sociaux.

10

L'ENTHOUSIASME, UNE ÉNERGIE RENOUVELABLE

10 avril 2019. Encore plus haut. Rencontre avec l'ancien chef de l'État François Hollande.

L'inaccessible, on le fabrique souvent soi-même.

Romain Gary, *La nuit sera calme*

2 avril 2019

> Je me note donc la date de rencontre le 10 avril à 15 heures pour une heure et demie d'échange avec l'ancien président et le Lobby de Poissy.
>
> *Sybil Gerbaud, attachée de presse de M. François Hollande, ancien Président de la République*

Des mails de ce type, nous allons en recevoir quelques-uns avec Lucie. Ils vont nous porter dans les moments de creux. Car nos démarches pour rencontrer les têtes de liste des Européennes s'avèrent globalement infructueuses : certains candidats auraient-ils peur des questions posées par des enfants sous les yeux des caméras ? Les retours du public suite à l'émission Au tableau !!![1] ont laissé quelques traces auprès des politiques. Pas question de s'exposer davantage dans une campagne qui fera sans doute de l'écologie un des axes majeurs. L'ombre de Greta Thunberg plane. La France se réveille à mesure que les grilles médiatiques verdissent.

Nous sommes un lobby positif

Et premier direct

Pendant ce temps, le Lobby de Poissy se met en ordre de bataille : les forces vives apparaissent sur les plateaux télé, notamment celui de France Info. Soujoud, Maélys, Osswa, Sidonie et Léon effectuent leur premier direct. Le stress est palpable. Caméra GoPro au poing Soujoud filme

1. Émission politique diffusée sur C8 depuis 2017 créée par Caroline Delage et produite par Mélissa Theuriau.

leur arrivée dans l'immense immeuble de France Télévisions. Elle interroge sa sœur pour recueillir ses impressions tandis que Maélys affiche un calme olympien. Ils s'apprêtent à rencontrer Jean-Louis Étienne, invité lui aussi de la tranche info. Heureuse coïncidence, le Polar Pod, projet de l'explorateur est soutenu financièrement par la ville de Poissy. Il s'agit d'une plateforme visant à observer les échanges physiques entre l'atmosphère et les océans des pôles. Les enfants sont placés sur le canapé, les caméras répètent leur balai. Maélys garde ses mains sur ses cuisses. Soujoud et Osswa se tiennent droites. Antenne ! Soujoud raconte comment le cri d'alarme d'Hubert Reeves l'a incitée à s'engager. Le mot « lobby » interpelle à tel point que la présentatrice lui demande si elle sait ce qu'est un lobby. Elle répond clairement, faisant taire la moindre ambiguïté sur la nature réelle de son engagement : « Un lobby, c'est un groupe de gens qui se mobilise sur un sujet. Nous sommes un lobby positif. » Sans jamais buter sur les mots, Maélys explique leur association, leur ambition, leur projet de loi contre la pollution lumineuse. Elle ajoute que les médias c'est bien, mais que ce n'est pas une fin en soi : « Ce n'est pas parce qu'on passe à la télé qu'on va tout arrêter. C'est un moyen de nous faire connaître. Et moi j'espère qu'il y aura surtout plein d'enfants dans le lobby. »

D'autant que cela commence à grincer au sein des membres de la junior association. Les derniers reportages ont mis en avant des membres peu assidus aux réunions mais sacrément gouailleurs devant la caméra. Alors les injustices se ressentent. Les parents expliquent de leur côté aux enfants l'importance du collectif mais nous demandent d'être le plus équitable possible. Car tous les enfants ne peuvent se rendre sur les plateaux. Les invitations concernent souvent deux voire quatre d'entre eux au maximum. Et les règles en télévision sont cruelles : « Ils sont “bons clients ?” ».

Cela m'a d'ailleurs valu une réflexion cynique de la part d'une consœur les entendant s'exprimer : « Ce n'est pas Greta Thunberg ! » La plupart des enfants n'ont pas l'éloquence de la Suédoise, cela ne les prive pas pour autant d'une pensée, d'une envie ou d'une détermination à agir.

Pourquoi les adultes ne comprennent pas ce que moi je comprends

Si cette jeune fille est tant critiquée, c'est bel et bien parce qu'elle s'exprime comme une adulte. Son éloquence crée l'aspérité nécessaire pour les médias mais fait disparaître l'enfant qu'elle est au profit du discours. À Poissy, nous ne sommes pas dans un concours d'éloquence écologique, mais avec des enfants de 12 ans mobilisés et qui peu à peu gagnent en confiance face aux adultes, aux médias et à eux-mêmes. Ils apprennent le « faire ensemble ».

Jean-Louis Étienne apparaît. Les enfants posent en direct quelques questions au médecin explorateur. Puis, Sidonie, ma fille, engagée volontaire au sein du Lobby de Poissy, lui demande avec une facilité déconcertante s'il se mobilise lui aussi pour les marches climat comme elle l'a fait. Le scientifique lui répond qu'il n'hésite pas à passer dans les classes pour transmettre son savoir. L'émission s'achève.

Les enfants quittent le plateau pour démarrer une visite des locaux de France Télévisions. La balade dans les couloirs a des allures de féerie. Découverte du plateau de *Météo à la carte*, discussion avec Laurent Romejko, entrée sur le plateau du 13 heures. Maélys, Soujoud, Osswa, Sidonie et Léon n'en perdent pas une miette. Leurs yeux se posent partout. Les selfies s'enchaînent. Au détour d'un couloir, Osswa reconnaît Marie-Sophie Lacarrau, présentatrice du 13 heures. Celle-ci file dans sa loge à quelques minutes de son direct. Les filles se faufilent dans l'entrebâillement de la porte. La journaliste qui les avait présentées au grand public quelques jours auparavant les félicite sincèrement de leur engagement : « Vous rendez-vous compte de ce que vous engagez ? L'une de vous a prononcé une phrase qui m'est restée en tête "Pourquoi les adultes ne comprennent pas ce que moi je comprends." Vous avez raison, il faut continuer. Je vous dis bravo ! » Les visages s'illuminent de cette reconnaissance. Puis, dans le hall du bâtiment, c'est Thomas Sotto qui vient rendre visite aux lobbyistes. Il interroge Anaïs sur l'historique et l'interpelle sur le mot « lobby » dont il pense que nous avons eu raison de le reprendre à notre compte. Et, en bienveillant poil à gratter, il pose LA question fondamentale qu'aucun n'a posée jusqu'alors : « C'est une idée d'adulte portée par les enfants ou ça vient des enfants aidés par les adultes ? » Anaïs est sans détour. C'est bien entendu une aventure collective, la poursuite d'un projet pédagogique, lancé par les adultes. Mais aujourd'hui, ils ne font qu'assurer le soutien logistique et ouvrir leur carnet d'adresses. Ce sont les enfants qui décident des actions avec leurs parents. L'enthousiasme que produit la médiatisation apporte l'énergie indispensable au maintien du cap, tout comme la notoriété des personnalités que les enfants rencontrent.

Préparation du « Grand Rendez-Vous » avec François Hollande

À l'heure où les jeunes partout dans le monde battent le pavé, nos lobbyistes s'aiguisent, s'investissent, préparant de grands rendez-vous dont le premier est avec l'ancien président de la République, François Hollande. Depuis la fin de son mandat, ce dernier dirige la fondation La France s'engage. Fin février 2019, il a lancé, sur les réseaux sociaux, un appel aux lycéens. Il souhaite les rencontrer pour leur parler d'Europe, après la catastrophe du référendum sur le Brexit en Grande-Bretagne. Thomas décide de répondre à l'ancien président au moyen d'une vidéo sur les réseaux sociaux. Il veut frapper un grand coup. Alors il sort sa plus belle veste « de grand » et lance face caméra un tonitruant : « Bonjour Monsieur Hollande, Vous voulez rencontrer des lycéens. Avec mon lobby nous sommes des collégiens. Vous voulez parler d'Europe, nous voulons vous parler d'écologie. » Le garçon est aussi déterminé que sur un terrain de rugby qu'il affectionne tant. Il faut dire qu'il a plutôt été déçu par l'absence de réponse du président Macron à sa dernière vidéo. « Il reçoit Greta Thunberg et même pas nous, alors que nous travaillons sur une loi et que nous sommes le premier lobby d'enfants protecteur de la planète. » Effectivement, de quoi être plus que rageur au pays du « Make our Planet Great Again » lancé par le locataire de l'Élysée. Par un joli coup de pouce, la vidéo atterrit dans la boîte mail de François Hollande. Celui-ci ne tardera pas à accepter l'invitation de Thomas. J'apporte la vidéo-réponse à Poissy. Quand les enfants la découvrent, ils sont estomaqués. Quant à l'heureux destinataire de ce message, il jubile. Comme il aime à dire, il « bugue sur place ». Ses yeux brillent. Les regards épatés de ses compagnons d'aventure le galvanisent. Osswa, soufflée, place ses mains sur la tête. « Mais il va être le seul à le rencontrer ? » Non, Osswa, vous êtes un collectif, ne l'oublions pas !

Pourquoi on se félicite de l'Accord de Paris alors qu'on n'arrive même pas à le faire appliquer ?

Stéphanie, la maman de Thomas, me confie que son fils est extrêmement fier et qu'il n'imaginait pas rencontrer un jour un président. Moi non plus, je dois bien l'avouer.

Thomas réalise qu'obtenir l'écoute d'un ancien chef d'État prouve que le lobby peut rallier encore plus de monde à sa cause. Pour préparer la rencontre, le garçon ne laisse rien au hasard. Il achète le dernier livre de François Hollande, *Les Leçons du pouvoir*[1], et dévore la partie consacrée à la COP 21. Une seule réflexion le taraude : « Pourquoi on se félicite de l'Accord de Paris alors qu'on n'arrive même pas à le faire appliquer ? » Oups ! Voilà une question d'une implacable pertinence à adresser à l'ancien chef de l'État. Le temps est d'ailleurs à la préparation de ce moment. Tout cela, comme toujours sous la houlette d'une Anaïs impliquée, elle aussi renversée par la portée de l'événement qui se prépare. Réunion au sommet, au centre André-Malraux à Poissy. Thomas bûche sur le découpage de la réunion : tour de table des enfants, raison de leur engagement, explications de leurs projets, quizz écolo à destination de l'ancien chef de l'État. Thomas veut savoir s'il s'y connaît en écologie. « Il a voulu faire de la France une nation d'excellence en matière d'environnement : on va voir ça demain. » Son œil frise déjà.

Au programme : interrogation sur le temps que met une pile à se désagréger, idem pour le chewing-gum. Ensuite, les enfants énumèrent les questions qu'ils veulent lui poser tout en s'interrogeant sur la manière dont ils doivent l'appeler : Monsieur Hollande, Monsieur le Président, François ? Yasmin veut expliquer que si elle s'est engagée, c'est parce qu'elle a vu un oiseau mort à cause des 2 kg de plastique qu'il avait ingurgités. Quant à Maélys, c'est parce qu'elle en a assez d'imaginer qu'elle ne verra plus certains animaux qu'en photo. Après deux bonnes heures de discussion et de recherche, la réunion se termine, il est 19 heures.

1. Stock, 2018 ; Le Livre de poche, 2019.

Le jour J

Le 10 avril est un grand jour pour le Lobby de Poissy venu en force à la fondation La France s'engage. Les passants de la rue de Rivoli les dévisagent. Osswa et Soujoud regardent le jardin des Tuileries émerveillées par la grande roue. La vague de sweat-shirts grimpe rapidement les escaliers, suivie de près par quelques parents venus profiter de cette rencontre d'exception. Le président les accueille, lui aussi surpris par tant de monde… en bleu. François Hollande prend le temps de saluer parents et enfants. Yasmin, de sa petite voix cassée, ose poser la question qui paralyse tout le monde : « Comment doit-on vous appeler ? » Avec beaucoup d'attention, l'homme d'État répond : « Tu m'appelles Monsieur Hollande ou Monsieur le Président : comme tu veux. » Quand la normalité a les rondeurs de l'empathie : je souscris. Le ton est donné. Thomas, placé à la droite de François Hollande, entame la discussion. Près d'une heure et demie d'échange : les enfants sauront que l'ancien Président n'a pas de compost chez lui, qu'il roule en voiture hybride, que, bien qu'il n'en mange pas, il sait à peu près en combien de temps se désagrège un chewing-gum. Il répond à Rémy qui courageusement se lance sur le « Bilan Hollande », notamment en matière d'excellence environnementale. Sans tabou, François Hollande avance ses arguments, fait son autocritique et entame une discussion simple, considérant les enfants comme de vrais partenaires du débat. Thomas décoche sa question clé sur la COP 21 :

> « Pourquoi la France n'applique pas le Traité de Paris ?
> – Oh là, tu vas vite en besogne… Nous nous sommes simplement aperçus que c'était insuffisant. »

Saluant l'engagement dont ils font preuve, celui qui, en 2012, alors que nos lobbyistes n'avaient que 3 ans à son arrivée à l'Élysée, avait convoqué les experts du GIEC pour comprendre comment agir, mesure le niveau d'information des enfants sur les énergies fossiles, le recyclage, l'érosion de la biodiversité, et conclut : « Revenez quand vous voulez, j'attends vos propositions. » Le changement du monde s'opère sous nos yeux.

François Hollande laisse une dédicace à chacun des enfants sur les ouvrages qu'ils ont apportés. Thomas, encore sonné par la simplicité et la clarté des échanges, s'exclame en sortant du bureau : « Je suis choqué ! » Yasmin, Soujoud et Osswa, se rêvant vétérinaire, câlinent Philae, le labrador du président. En regardant la scène, Anaïs réalise ce que ses chers « petits loulous » viennent d'accomplir. Au-delà de cette rencontre de premier plan, ce moment a permis à ces enfants et à leurs parents d'être regardés, écoutés et considérés comme des citoyens impliqués par un ancien président. Dans une France fracturée, cela laisse une trace indélébile et n'a pas de prix pour ceux qui se considèrent souvent ignorés de la République. Tout devient possible. Tout et notamment une autre rencontre.

Les lobbyistes se sont réunis pour préparer le rendez-vous avec celui à qui, sans qu'il le sache, ils doivent tout : Nicolas Hulot. Fin avril, l'ancien ministre les attend à sa fondation. Encore une fois, rien n'a été laissé au hasard. Après quelques centaines de mètres, le gang des trottinettes se retrouve sur le terrain de foot de Poissy. Soujoud porte de longues nattes brunes. La Greta Thunberg de Poissy prend les rênes de la réunion sous le regard attendri d'Anaïs. La jeune fille répartit les rôles, note les questions, veille à ce que chacun ait une place dans la discussion. Ces derniers temps, je montre pour ma part quelques signes de fatigue. Entre la préparation des tournages, le montage, la communication, les multiples réunions : le rythme est effréné. Le repos sera pour plus tard. Je leur dois cette rencontre avec Hulot. Le spectre du 13 décembre me hante encore. L'annulation de la rencontre avait laissé quelques traces dans les cœurs des lobbyistes. Lucie assure la logistique des tournages et bien plus encore. Aymeric, qui monte tous les épisodes, est d'une aide précieuse pour gérer les imprévus et assurer que nous livrions les épisodes à temps à France Télévisions.

Une nouvelle rencontre attendue : Nicolas Hulot

Le 24 avril, c'est à Boulogne-Billancourt que la marée bleu turquoise débarque. Maélys espère réellement que l'ancien ministre, fort de ses années d'engagement, aura des conseils pratiques pour aider les « petits » qu'ils sont encore. Ils s'installent sur les chaises disposées en cercle dans la salle prévue. Tout le monde semble calme mais je sens l'excitation des enfants. Avant la rencontre, j'interroge Nicolas Hulot. Il me confie qu'il ne s'est pas particulièrement préparé à la rencontre, qu'il n'y a aucune désinvolture à cela, simplement une décontraction face à des interlocuteurs dont il mesure la bienveillance. « Ils ont compris qu'on parle beaucoup, mais qu'on agit peu. » Sans affirmer que sa démission a été le terreau de nombreux mouvements dont celui de Poissy, l'ancien ministre apprécie la multiplicité des engagements citoyens apparus depuis lors. Les manifestations de la jeunesse continuent de faire la une des journaux, justifiant la présence de nombreux médias ce jour-là. Thomas, Maélys, Soujoud, Antony, Joshua et les autres accueillent le président d'honneur de la fondation. Thomas s'est placé directement à côté de Hulot. Il est émerveillé. Les deux heures de discussion démarrent. Joshua explique à Nicolas Hulot que sa démission a été un choc pour eux, et que malgré tout « ils ont voulu rester debout ».

Léon, avec l'impudence de ses 7 ans, pose la question qui tue : « Pourquoi vous avez voulu être ministre ? »

Un léger silence imprègne la clarté de la salle. Nicolas Hulot soupire, s'enfonce dans le dossier de sa chaise. Il esquisse un léger sourire nostalgique. Il regarde la bouille impertinente du garçonnet. Et avec une sincérité libérée des carcans de la communication politique, lâche : « Eh bien tu vois, je me le demande encore ! » Osswa regarde sa sœur, médusée. La nature ayant horreur du vide, les questions fusent à nouveau. Tout est passé au crible : Comment la biodiversité a-t-elle évolué depuis trente ans, comment sera la planète en 2050, avez-vous proposé une loi contre les pesticides ? Pourquoi ne supprime-t-on pas les moteurs à essence ? Certaines sont surprenantes par leur bon sens : « S'il y a un réchauffement climatique, peut-on faire un refroidissement climatique ? », demande Joshua. Les réponses sont étoffées et pédagogiques. Maélys apprend grâce à Hulot que consulter une vidéo Youtube consomme « autant d'énergie qu'une ampoule allumée pendant une année ». La jeune fille est saisie par la clarté de la comparaison et s'engage à réduire sa consommation. L'ancien ministre suggère aux enfants de s'intéresser à la cause des peuples premiers, les derniers gardiens de la nature. Il va jusqu'à leur proposer d'organiser une rencontre avec un chef indien. Thomas est ébahi. L'image d'un Raoni à Poissy s'imprime dans son cerveau. Osswa retient que les animaux doivent être protégés dans leur état naturel et non en cage. Soujoud interroge sur les raisons qui empêchent d'interdire l'huile de palme. L'ancien ministre, touché, répond clairement : « Tu vois, le problème c'est que ceux qui produisent l'huile de palme nous achètent

Ils ont compris qu'on dit tout ce qu'il faut, mais qu'on ne fait rien de ce qu'il faut

des sous-marins. » Hulot décrit les contradictions gouvernementales tout en constatant la puissance des questions des enfants : « Ils ont compris qu'on dit tout ce qu'il faut, mais qu'on ne fait rien de ce qu'il faut. »

Sous ses yeux, c'est une génération engagée, héritière d'une situation dont elle n'est pas responsable, qui émerge : « C'est tout de même le monde à l'envers », confie le militant. Quand les glaciers fondent, ce sont des montagnes que les enfants déplacent. Leur voix est celle qui manquait à ce combat. Jusqu'à présent, nous parlions en leur nom. Mal vraisemblablement. Aujourd'hui ils s'émancipent de l'héritage pour imaginer porter un projet de loi contre la pollution lumineuse. Nicolas Hulot accepte d'être membre d'honneur du Lobby de Poissy. Il est ému par la démarche déterminée et résolument enthousiaste des enfants. « Me voilà lobbyiste ! » Un comble ! Après une accolade émouvante, il revêt le sweat aux couleurs du Lobby que Sidonie lui apporte. Il repart rechargé comme à la première heure, par la qualité de ces regards d'enfants portés sur l'avenir et qui obligent. « Ils ont l'énergie, nous avons le contenu : nous pouvons travailler ensemble. » La journée se termine dans un goûter entrecoupé de photos immortalisant ce moment tant espéré et à la hauteur des attentes des enfants. Ils n'oublieront jamais l'histoire de la dent de requin pendue au cou de l'ancien ministre, ni ses explications franches, sincères et généreuses en temps. Ces moments sont précieux sur le chemin de l'engagement. Quant à moi, je trouve au retour la lettre de refus de subvention de la série documentaire adressée par le CNC. L'argument avancé : « incompréhension du format, peu de visibilité des enfants dans le projet documentaire… » Je suis effondrée par la

Ils ont l'énergie, nous avons le contenu : nous pouvons travailler ensemble

perte de ce soutien qui aurait été providentiel. La série se fait donc à l'économie : nous prenons tous les risques comme producteur, et moi en sus, mon risque en tant qu'autrice et réalisatrice. Je vais commencer à penser comme Nicolas Hulot : sur le chemin de l'engagement nous sommes payés par une seule chose, la qualité des rencontres que nous faisons…

Apprendre encore, à la fondation GoodPlanet

Mais une mauvaise nouvelle en cache toujours une bonne dans cette aventure. Je deviens philosophe à mesure que les enfants s'émancipent, s'autorisent et gagnent en confiance. Lucie m'apprend que Yann Arthus-Bertrand répond favorablement à notre demande de rencontre. Nous prenons bientôt la direction de la fondation GoodPlanet qui offre aux enfants une visite fantastique : Cyril, guide de compétition qui enchaîne les blagues, nous organise un planning idéal : film immersif sur les baleines, ruches pédagogiques, exposition photos, ateliers culinaires 0 déchet. Les voilà plongés dans le monde de la préservation de la nature par le maître international de la belle image. Maélys est tout sourire. Bilal sautille impressionné par l'étendue du jardin qui entoure le lieu. Sur les murs de la fondation, des infographies attirent le regard de Soujoud. « La glace au Groenland fond au rythme de 248 km^3/an, l'équivalent de 145 000 tours Eiffel ». La jeune fille qui sacralise le monument réalise instantanément ce que cela occasionne. Les enfants visionnent un film sur les océans. Ils sont captivés par la beauté des images. Yasmin, curieuse de tout, pose de nombreuses questions. Maélys filme avec son téléphone. Les enfants n'ont pas l'habitude de partir

Le monde dans lequel vous allez évoluer va être très compliqué

en « sortie » toutes les semaines. Yann Arthus-Bertrand les retrouve : « Vous êtes tous en bleu ? Vous avez un uniforme ? » Voyons, Yann, c'est une armure ! Celle de l'armée qui va assurer la relève.

Décontracté et affable, il échange avec eux pendant une bonne heure ne comprenant pas encore tout à fait la nature de leur engagement. Les lobbyistes sont impressionnés. Ils ont vu un de ses films en classe. Beaucoup moins réservés qu'à l'accoutumée, ils mènent naturellement la conversation avec le baroudeur septuagénaire. Sans fard, Yann Arthus-Bertrand se livre. Il fait part de son inquiétude teintée d'une forme de résignation. « Le monde dans lequel vous allez évoluer va être très compliqué. » Ce qui ne manque pas d'interloquer Sidonie qui lui lance un : « Pourquoi êtes-vous pessimiste ? » L'homme est touché. Son regard bleu azur s'assombrit, et son ton rapide ralentit. Face à lui, la petite fille de 9 ans le fixe attendant sa réponse. Le choc des générations est là : ce sera lucidité fatiguée contre espérance énergique. Le photographe ambassadeur de bonne volonté de l'ONU démarre une réponse, bute sur une phrase. Puis il reprend l'air résigné : « Ça ne me fait pas plaisir de te dire tout cela. Plus ça va, moins ça va. Ce qui n'est pas agréable à penser, c'est que c'est ma génération qui est responsable de cela. Toi tu n'as rien fait. »

C'est ma génération qui est responsable de cela. Toi tu n'as rien fait

Puis les enfants se dirigent vers le jardin. Je repense à la discussion nostalgique et réaliste de Yann Arthus-Bertrand qui vient d'avoir lieu confrontée aux rires des enfants qui courent. Quel monde auront-ils demain ? Ils ne sont en rien responsables, mais ils sont bien décidés à faire quelque chose. D'ailleurs, avant de quitter la fondation GoodPlanet, Thomas appelle ses camarades à le rejoindre.

Il leur apprend qu'il a écrit une lettre à Emmanuel Macron, et qu'il est bien déterminé à le rencontrer. Le garçon, transformé par toutes ces rencontres, veut proposer son aide au président. Il entame la lecture de son texte. « Nous aimerions vous rencontrer [...] Il est temps de vous parler de nos projets pour la France. Nous allons présenter une loi contre la pollution lumineuse avec notre députée. Nous avons rencontré Nicolas Hulot et François Hollande et vous Greta Thunberg et Cyril Dion, alors pourquoi pas nous ? Rendez-vous à l'Élysée, ne vous inquiétez pas on connaît l'adresse. » La rêveuse Yasmin jubile félicitant l'auteur : « Elle est super ta lettre, Thomas. » Thomas propose que chacun la signe, Maélys la pragmatique rétorque qu'il n'y a pas de problème maintenant qu'elle en connaît le contenu. Un tonnerre d'applaudissements inonde le lobbyiste souriant de son action. Il y a quelques mois, Thomas n'aurait pas eu l'idée d'écrire au président. Peu importe ce que deviendra le Lobby de Poissy dans les années à venir. Ce que cette junior association apporte à ces enfants n'est pas présent dans les manuels scolaires : la confiance en soi et la solidarité. Tout devient possible avec la force du Lobby. Tout, même écrire un texte fondateur avec 15 classes de 10 pays d'Europe.

11

LES ÉOLIENNES DE L'ESPOIR TOURNENT À PLEIN RÉGIME

Nouvel objectif : rédiger une Déclaration des droits de la planète et du vivant en faisant participer la jeunesse européenne. Séances de travail acharné pour le Lobby, accompagné d'un juriste, d'une eurodéputée et d'une journaliste.

J'ai le goût du merveilleux. Ce sont des restes d'enfance.
Il n'y a pas de création sans cela.

Romain Gary, *La nuit sera calme*

27 mars 2019

Échange avec Yann Aguila, avocat et corédacteur du Pacte mondial pour l'environnement :

> Cher Monsieur,
> [...] Dans le cadre de la Journée de l'Europe, le 9 mai, nous souhaitons organiser une rencontre avec les élèves du Lobby de Poissy (qui représentent la France), des experts, des députés européens et des journalistes pour les aider et les accompagner dans ce travail d'écriture qu'est la Déclaration.
> Nous serions très honorés de vous compter parmi nos invités à France Télévisions pour répondre aux questions.
> Mme Karima Delli, eurodéputée du groupe Europe Écologie – Les Verts, Véronique Augier, journaliste de France Télévisions, Martine Valo du Monde planète échangeront également avec les élèves.
>
> *Amel Cogard, France Télévisions éducation*

Quand le Lobby de Poissy s'est invité dans la campagne des élections européennes, son idée était de faire signer une charte à toutes les têtes de listes françaises. Une charte d'engagement à parler largement d'écologie dans ce temps politico-médiatique. Face aux difficultés à rencontrer les candidats, dont les écologistes eux-mêmes, découragés du peu de retour, les lobbyistes ont changé leur fusil d'épaule. La porte est fermée, passons par la fenêtre ! Plutôt qu'une charte, ils ont décidé d'écrire une Déclaration des droits de la planète et du vivant. Depuis le début, le fer de lance de cette aventure tient en un seul mot : « action ». Après le vivre ensemble, il s'agit de faire-ensemble. Ce qu'Anaïs résume très bien :

« Le discours, la théorie, ne sont perçus que lorsque les élèves deviennent acteurs et prennent en main les projets pour se les approprier. Dans sa mémoire d'adulte, on ne se souvient que rarement de la dictée numéro 8 ou de l'exercice 14 page 53 : ce dont on se souvient, ce sont des relations humaines au cœur des projets. C'est le fondement de la connaissance et aussi de l'engagement dans la société afin que chacun et chacune puisse poser sa brique sur le mur commun. »

Alors, pour poser cette brique sur le mur commun, quoi de mieux que d'écrire les droits de la planète, entérinant ainsi notre interdépendance au sein du vivant ? Quoi de mieux que d'en finir avec la surpuissance auto-établie de l'homme sur la nature qui fait disparaître les animaux que Soujoud, Osswa, Maélys et Thomas aiment tant ?

Nous devons élargir notre collectif au-delà des frontières

J'ajoute une touche européenne à leur idée. Car, quand partout la jeunesse s'organise face à l'immobilisme et se découvre de nouvelles icônes, comme Anuna De Wever et Adélaïde Charlier, les deux jeunes Belges de Youth for climate, il me semble clair que nous devons élargir notre collectif au-delà des frontières. Nous devons intégrer des jeunes d'autres pays d'Europe, construire une union et incarner la fédération tant appelée de ses vœux par Nicolas Hulot : « écologie n'est pas égo-logie. » C'est ensemble que nous ferons bouger les montagnes.

Ouvrir le collectif aux jeunes des autres pays européens

Il ne suffit pas de le dire : comment faire ? Encore une fois, l'optimisme et l'énergie que nous y mettons font office de sésame. Quelques mails et réunions plus tard, Mikael

Meunier et Julia Illenberger, de la Représentation en France de la Commission européenne, et Christophe Préault, directeur du site Toute l'Europe, s'associent à nous pour nous aider à trouver d'autres classes. Leur soutien est précieux d'un point de vue tant opérationnel qu'amical. Ils sont emballés par l'idée mais, forts de leur expérience sur ce type de projet paneuropéen, modèrent mon enthousiasme. Nous avons très peu de temps devant nous. France Télévisions souhaite profiter de la journée du 9 mai, Journée de l'Europe, pour annoncer publiquement leur soutien à cette initiative du Lobby de Poissy. Nous sommes à la mi-mars. Le compte à rebours démarre pour intégrer le maximum de pays dans cette folle entreprise. La Commission facilite les prises de contacts par le biais de la branche éducation. « Elsa, vingt-sept pays c'est illusoire dans le temps imparti, si tu réussis à en intégrer deux, ce sera déjà pas mal. Ce sera une belle première expérience ! » Mais la confiance absolue des enfants m'oblige. Deux, cela ne me suffit pas. Leur idée me paraît révolutionnaire. D'ailleurs, les autres professeurs participants ne s'y trompent pas. Après de nombreux échanges pour expliquer le projet, tous me répondent, à l'instar de Rosaria, professeure de français en Italie : « Qui sommes-nous pour refuser ce projet quand les dommages sont là ? Je ne sais pas très bien comment, mais nous allons le faire. »

> La Terre est vivante. Mais elle ne peut pas parler. C'est pourquoi nous allons être sa voix

Le 9 mai, dans l'auditorium de France Télévisions, devant les enfants de Poissy, les experts venus les aider et les cadres du groupe audiovisuel, j'annonce avec fierté que ce sont dix pays qui rejoignent l'aventure commune de cette Déclaration : la Pologne, la Finlande, l'Espagne, le Portugal, l'Allemagne, la République tchèque, la Croatie, la Suède, l'Italie. Quant à la France métropolitaine, elle sera rejointe plus tard par la Guyane, la Polynésie française et la Réunion. Les enfants de Poissy écarquillent les yeux. « On parle de nous en Europe, on nous suit ! » s'écrie Bilal. Celui qui rêvait que le Lobby s'étende perçoit qu'il efface déjà les frontières pour redessiner un monde plus juste. J'ai demandé aux participants de m'adresser une vidéo dans laquelle les élèves expliquent leur motivation : « La Terre est vivante. Mais elle ne peut pas parler. C'est pourquoi nous allons être sa voix », scandent les élèves croates de 14 ans de l'école de Dubrava. Soujoud jubile. Osswa reste la bouche ouverte. Les yeux d'Anaïs brillent. Je lis sur ses lèvres : « C'est un truc de fou ! » Oui. C'est d'ailleurs ce que j'ai dit à Wilfried, professeur de sciences de la vie et de la terre au collège Plateau-Goyaves, à Saint-Louis, à la Réunion, quand je lui ai proposé de nous rejoindre : « Un mot au préalable, il faut être complètement cinglé pour adhérer à ce projet. » Sa réponse est sans appel : « J'en suis ! »

J'assume de plus en plus mon rôle atypique dans cette aventure : mettre mes compétences d'adulte au service de cette jeunesse qui ne sait pas toujours très bien ce qu'elle engage, mais qui a envie, et qui, surtout, garde l'espoir d'améliorer le futur.

Mes trois enfants, au quotidien, m'ont permis de mettre les choses en perspective. Mon fils de 14 ans m'avait ébranlée en me demandant : « Maman, pourquoi tu n'as rien fait avant que je naisse ? » *Bim !* Prends ça dans ta bonne conscience de quadra. Je ne suis pas exemplaire, loin de là, j'ai mes contradictions. Mais j'avance, je progresse avec ces enfants et les miens, et je suis prête à changer mes (mauvaises) habitudes. Circuler à vélo, prendre les transports en commun, emprunter le train, limiter la viande, réduire le chauffage, stopper définitivement les commandes Amazon, dépenser moins en fastfashion : je suis en transition écologique. Tout comme Anaïs, qui n'est pas militante écologique, mais sensible depuis l'enfance aux enjeux environnementaux. Comme elle me le confie : « C'est d'ailleurs un peu en parallèle du suivi des enfants du Lobby de Poissy que j'ai petit à petit commencé à changer mes habitudes. J'ai un vélo cargo pour transporter mes enfants quand je peux éviter la voiture, je réduis mes déchets, je fais mes courses en vrac le plus possible, je réduis le plastique de mon quotidien et je préfère le fait maison ! On partage, on éveille sa conscience et on mesure la valeur des choses. » Nous avons la force du nombre ! Si nous nous y mettons tous, nous y arriverons.

Elsa, coordinatrice multifonctions, à l'assaut de la Déclaration

Me voilà donc devenue coordinatrice de l'écriture de cette première Déclaration européenne des droits de la planète et du vivant. Un travail titanesque m'attend, d'autant que les références que nous avons en tête m'écrasent autant qu'elles me galvanisent. La Déclaration des droits de l'homme et du citoyen écrite en 1789 est un texte fondateur et essentiel dans notre monde moderne. Elle a inspiré la Déclaration universelle des droits de l'homme adoptée par l'Assemblée générale de l'Organisation des Nations unies (ONU) en 1948, à Paris. Et si la nôtre devenait fondatrice à son tour ?

Les enfants démarrent leur travail de recherche pour rédiger les articles que la France proposera pour ce texte. Forts de leur rencontre avec Nicolas Hulot, ils ont choisi de creuser l'impact de la technologie sur l'environnement ainsi que la préservation des peuples premiers. Ce 9 mai, France Télévisions met trois ateliers à leur disposition : juridique, avec la présence de Yann Aguila, avocat et coauteur du Pacte mondial pour l'environnement ; politique, sous la houlette de Karima Delli, eurodéputée Europe Écologie – Les Verts et présidente de la Commission Transports ; et média avec Martine Valo, journaliste au *Monde*, et François Beaudonnet, journaliste France Télévisions. Deux heures de discussions avec ces experts forgent leurs intentions. Karima Delli tombe littéralement sous le charme : ils portent un nouvel élan collectif quand notre démocratie semble si fragile. Elle reconnaît en Soujoud la jeune fille de Roubaix qu'elle était. Ce « coup de cœur » n'est pas de façade. Après avoir participé aux ateliers, l'eurodéputée s'engage à organiser la venue des enfants au Parlement. Yasmin la serre dans ses bras et Bilal lui tape dans les mains. Check !

> J'ai un véritable coup de cœur pour ces jeunes pleins d'énergie et de créativité. Les enfants sont un révélateur de conscience. Ils sont les avocats de la planète.
> Ils ont compris que la nature a des droits et qu'il faut les lui rendre.
> Et puis le Lobby de Poissy est aussi proche de mon histoire. Dans ce quartier de Poissy, ce sont des enfants issus des classes populaires. Comme moi. Et, enfant, j'entendais souvent dire que l'écologie n'était pas pour nous. Ces jeunes sont la représentation même que c'est faux. Ils sont ce qui nous manquait : un vrai lobby citoyen qui montre que l'intérêt général et la protection de la nature avaient besoin de gardiens. Maintenant, cette Déclaration des droits de la planète doit vivre. Il faut inscrire cela de manière concrète dans les textes législatifs. On va d'ailleurs travailler ensemble. Ce qui me touche également, c'est que ce qu'ils font vient de leur cœur. Parfois la politique ce sont des jeux de tactiques ou de stratégie. Et là, on parle au cœur. Il faut qu'ils continuent à réveiller les adultes, notamment en mettant en œuvre cette Déclaration pas uniquement en mots mais en actes.
>
> *Karima Delli, 27 novembre 2019*

Rencontre avec Jean-Michel Blanquer au ministère de l'Éducation nationale

Le même jour, le locataire de la rue de Grenelle reçoit les enfants dans le somptueux salon Jules Ferry. Anaïs n'en revient pas : encore une étape franchie pour ses petits Pisciacais. Ils paraissent bien minuscules dans cette immense salle aux murs couverts de bibliothèques. Quand Maélys explique le projet, le ministre ne réagit pour ainsi dire pas, comme s'il doutait de sa réalisation. Rien ne déstabilise l'enthousiasme des lobbyistes. Le moment est venu de présenter leurs mesures pour l'école, ce qui semble davantage susciter l'intérêt du ministre. Philippine lève la main. Elle regarde Jean-Michel Blanquer droit dans les yeux. Elle énumère les cinq idées, fruit d'une longue discussion entre les lobbyistes :

Développer un élevage d'animaux qui se nourrissent des déchets de la cantine

1. Utiliser du matériel recyclé à l'école ;
2. Développer un élevage d'animaux qui se nourrissent des déchets de la cantine (comme le club Poule de Soujoud) ;
3. Traiter d'environnement dans les programmes scolaires ;
4. Créer son propre compost ;
5. Ne plus utiliser de barquettes plastique à la cantine.

Jean-Michel Blanquer paraît épaté. Il se dit favorable aux mesures proposées. Durant les trente minutes qu'il leur consacre, il manifeste sa considération pour leur engagement. Le ministre promet de fusionner leurs propositions avec celles du Conseil des lycéens. L'ambiance est détendue. Il y en a un qui l'est moins. Depuis le début de cette réunion, Thomas tient fermement une enveloppe. Dessus, on peut lire : « Président Macron ». C'est LA lettre de tous les espoirs. Sa valeur est inestimable pour les lobbyistes comme elle devrait l'être pour l'Élysée. Thomas lève la main.

> « Maintenant que vous avez dit "oui" à beaucoup de choses, pourriez-vous dire "oui" à une dernière demande ? Jean-Michel Blanquer acquiesce.
> – Pouvez-vous remettre cette lettre à monsieur le Président, s'il vous plaît ?
> – Oui bien sûr ! Je vais lui remettre au plus tard au prochain Conseil des ministres. »

Thomas s'avance d'un pas décidé et tend la lettre au ministre. Maélys, ayant quelques longueurs d'avance en politique, lui suggère également de parler de leur action au président. Jean-Michel Blanquer promet de passer à Poissy au collège des Grands-Champs pour revoir les élèves, et les raccompagne.

Vous donnerez bien la lettre au Président ?

En descendant l'imposant escalier de marbre, Thomas lance au ministre, comme si la parole des politiques, même à des enfants, n'était pas un gage suffisant d'engagement :

> « Vous donnerez bien la lettre au président ?
> – Quand je te dis "oui", c'est "oui" » clôt d'un ton ferme le ministre.

À ce jour, Thomas attend encore la réponse du président.

Le 9 mai, Touteleurope.eu, RTL et *Le Monde* consacrent des sujets au lancement du grand projet de Déclaration. Une date mémorable. Cette journée nous a même valu une invitation, le 2 juin, au festival We Love Green où Rémy, Thomas et Yasmin interviennent devant un public médusé par leur aplomb, leur bon sens et leur envie d'en découdre. En guise d'encouragement, et malgré la canicule du jour, ils sont applaudis à tout rompre : laissant autant de sourires sur les visages d'adultes que d'envie d'en être. La tournée médiatique continue. En ce même mois de juin, c'est sur le plateau de C à vous que Soujoud, Maélys et Thomas se rendent. Les enfants sont heureux. Soujoud capture ces instants dans son téléphone. La jeune footballeuse déploie de nombreux talents, dont celui de l'image. Depuis le début de l'aventure, elle réalise des montages de ses vidéos qu'elle poste sur les réseaux. Ella, la maman de Maélys, et Anaïs nous accompagnent. Toute l'aventure est résumée au sein d'une chronique illustrée d'images qui mettent en valeur leurs réflexions directes et sans compromis : « François Hollande, faites-vous du compost ? » Les éclats de rire fusent sur le plateau. Cela ne risque-t-il pas de nuire au crédit accordé à leur démarche ? Le rythme de la séquence est rapide, ce qui ne laisse pas beaucoup de place aux enfants pour répondre. Les règles « tacites » de l'audiovisuel sont sans appel : avoir de la repartie et maîtriser l'art oratoire. Savoir dire à défaut de savoir-faire. Le Lobby de Poissy sait agir davantage que communiquer. D'ailleurs, sur le projet de Déclaration, le traitement médiatique est inversement proportionnel à sa portée. Malgré tout, Thomas réussit à mentionner, sans cacher sa déception, qu'Emmanuel Macron n'a jamais répondu à la lettre qu'il lui a adressée.

Quelques jours plus tard, je reçois la confirmation que l'Unicef nous accorde une partie de son temps de parole lors du Sommet mondial sur le développement durable organisé par l'ONU le 9 juillet. J'ai raconté en ouverture du livre l'extraordinaire émotion qui nous a saisis. Maintenant, c'est le monde entier qui nous regarde. Nous bénéficions de 3 minutes vidéo pour présenter le projet de Déclaration européenne des droits de la planète. Nous voilà lancés et sur orbite ! « Vous avez le pouvoir de changer les choses. Nous sommes l'énergie et l'espoir qui vous manquent parfois ! Alors qu'est-ce qu'on attend pour travailler ensemble ? » lance Maélys sur grand écran devant un hémicycle médusé. Il est 21 heures en France. Toutes les réunions du Sommet sont retransmises en direct sur le site de l'ONU. Mon téléphone ne cesse de vibrer : le Whatsapp du Lobby de Poissy explose : captures d'écran, smileys, onomatopées, tout y passe… Souraya, Soujoud, Osswa, Ella, Maélys, Stéphanie, Fabrice et Thomas sont littéralement submergés de fierté. Nous sommes à l'ONU. Mon contact à New York me confie que nous sommes « des stars ». Elle n'a jamais vu une assemblée d'officiels réagir autant à une « simple » vidéo. Les applaudissements nourris agrémentent les commentaires des dignitaires : « Maintenant, nous sommes tous inspirés par le Lobby de Poissy », jubilera Henrietta Fore, directrice générale de l'Unicef. *Waouh !*

Alors qu'est-ce qu'on attend pour travailler ensemble ?

Le projet de Déclaration des droits de la planète et du vivant a traversé l'Atlantique et interpellé les instances internationales. « Il n'y a pas que Greta Thunberg » me soufflera une chef de projet, de l'ONU. Promouvoir le projet, c'est bien, le mettre en place, c'est mieux !

12

LA POLLINISATION AU-DELÀ DES FRONTIÈRES

Résultat : 310 élèves âgés de 10 à 17 ans, de Pologne, Espagne, Portugal, Suède, Finlande, République tchèque, Croatie, Allemagne, Italie, de France métropolitaine, Guyane, île de la Réunion et Polynésie française, écrivent ensemble 18 articles de la Déclaration des droits de la planète et du vivant, accompagnés par 27 professeurs.

Dans la vie il n'y a pas de solution. Il y a des forces en marche : il faut les créer et les solutions suivent.

Antoine de Saint-Exupéry, *Vol de nuit*

28 mai 2019

> J'ai échangé avec mon collègue français, Jens, qui est allemand d'origine et vit en France. Nous pourrions traiter les sujets : « Énergie. Déchets. Nourriture. »
> Nous serons en Bretagne en septembre. Nous ferons travailler nos élèves sur la Déclaration le vendredi 13 septembre.
> Serais-tu disponible pour venir nous rencontrer en Bretagne ?
> Ci-joint quelques photos pour te donner déjà une idée de notre groupe franco-allemand et de la bonne ambiance qui y règne, même en travaillant.
>
> *Susanne Osthövener*

Après de nombreuses discussions avec la Commission européenne, la date de notre venue au Parlement européen est fixée au 27 novembre 2019. Il s'agira d'une plénière : tous les députés devront être présents en ce jour qui sera pour nous historique. L'annonce du projet a eu lieu mais est assez timidement relayée : comme si personne ne pensait sa concrétisation possible dans un monde où les effets d'annonce sont autant légion que les engagements fantasmatiques.

Nous allons tout mettre en œuvre pour présenter le texte au Parlement européen

Pourtant, derrière cette idée, il y a non seulement l'espérance des enfants, ceux de Poissy d'abord, mais aussi les autres, entourés par une équipe de professeurs investis aux quatre coins de l'Europe. Francisco, professeur de technologie en Espagne, ne compte pas ses heures, il anime deux classes de première. Ses emails m'arrivent très tard le soir. Il s'étonne que je réponde aussitôt. Mais maintenir le lien est la clé de notre entreprise collective. Malgré son manque d'aisance en anglais et la tension sociale en Pologne, Beata, professeure des écoles, se lance corps et âme dans la rédaction des articles avec sa classe :

> Aujourd'hui, c'est un autre jour de grève ici auquel je participe. Mes élèves me manquent mais, en même temps, je sais que je me bats pour une meilleure école pour eux. Merci pour ce projet pour lequel je peux me connecter à vous pour qui la protection de l'environnement est capitale. Dès que la grève est terminée, nous nous y mettons à fond. Merci pour tout. *Beata*

Impensable donc qu'avec tant d'effort et d'énergie collective, cela n'aille pas au bout. Nous allons tout mettre en œuvre pour présenter le texte au Parlement européen. Mais pour cela, il faut y être invité. La campagne des Européennes touche à sa fin. La vague verte se propage en Europe, particulièrement en France, où Yannick Jadot mobilise près de 14 % des suffrages avec Europe Écologie – Les Verts. Karima Delli, sixième sur la liste, est donc maintenant assurée d'exercer son deuxième mandat à Strasbourg. Après quelques échanges avec elle, je constate qu'elle n'a pas oublié l'engagement qu'elle a pris auprès des enfants :

> Le Lobby de Poissy sera bien invité au Parlement européen. Les enfants seront devant des députés et pourront même faire signer leur Déclaration. Qu'est-ce qu'il est top ce lobby ! À bientôt. *Karima*

Rédaction de la Déclaration aux quatre coins de l'Europe

La trêve estivale passée, il est temps de s'y remettre. Ce projet emporte tout sur son passage. Mes enfants finissent même par m'appeler Madame. Chaque pays a sa feuille de route. J'avais pris le soin de préparer un document récapitulatif des échéances à respecter ainsi que d'énumérer la dizaine de thèmes sur lesquels les classes pouvaient se positionner : océans, biodiversité, alimentation, pollution, transports, énergie, déchets, forêts, plastique, peuples premiers et technologie. Ensuite les professeurs ont choisi deux ou trois thématiques avec leurs élèves. Bien souvent, ils ont opté pour des thèmes proches de leur urgence ou problématique endémique. Par exemple, forêt et énergie fossile pour la Pologne, plastique pour l'Espagne, océans pour le Portugal… De mon côté, je me suis assurée qu'il n'y ait pas trop de doublons afin que la Déclaration couvre le maximum de thèmes possible. Mélita et Jelena, deux jeunes professeures de biologie en Croatie, m'envoient déjà leurs articles sur la pollution lumineuse et la déforestation. Plus de vingt-cinq élèves de l'école de Dubrava, une petite ville non loin de Zagreb, ont participé à la rédaction des textes. Le travail est clair, structuré et imposant. Leur production servira de modèle aux autres pays. Ce sont des heures de travail en plus du programme scolaire. Amusé, Kritjian, jeune de 15 ans, me confie que lorsque ses professeures leur ont parlé du projet, ils ne les ont pas crues. Un éclat de rire général a envahi la classe – puis tout le monde a bien évidemment souscrit à l'idée. Paula, l'une de ses camarades, le regarde, sourire aux lèvres, transportée par ses mots. La jeune Croate écoute avec attention la suite. Kritjian affirme alors d'une voix aussi douce que déterminée : « Les enfants doivent faire ce genre de choses car le futur est entre les mains des plus jeunes générations. » Face à un aréopage de journalistes et de députés européens,

Si la mobilisation de la jeunesse pouvait être le renouveau de la construction européenne ?

c'est avec la même voix et le regard droit qu'il lira l'article 7 de la Déclaration européenne des droits de la planète et du vivant :

> « Les espèces végétales, et notamment les arbres, qui produisent de l'oxygène et absorbent le CO_2, ont le droit de se développer et de s'épanouir. Elles ont le droit à la photosynthèse. »

Pendant ce temps-là, à Poissy, le lobby continue sa progression. Il participe à la Journée des associations de la ville. Il recrute de nouveaux membres très motivés dont Noémi et Elmezoir. Le maire de la ville suit depuis plusieurs mois avec attention les pas décidés de la junior association. Très fier des actions entreprises par les jeunes, il s'est même engagé à mettre en pratique, après évaluation, une action qu'ils jugeront adéquate en matière de lutte contre la pollution lumineuse. Bilal a proposé des détecteurs de présence pour que les lampadaires de la ville soient éteints entre 23 heures et 5 heures du matin. Quant à Soujoud, elle envisage de recueillir l'avis des riverains et de les apporter au maire. Les lobbyistes sont loin d'être grisés par le démarrage de leur aventure européenne. Rien ne vaut l'action de proximité. Ils l'ont bien compris.

Avant l'été, parmi les enseignants impliqués dans la coécriture de la Déclaration, j'ai fait la connaissance téléphonique de Susanne, professeure de français d'Oldenburg en Allemagne. Sa classe fait l'objet d'un échange avec des élèves de première à Quimperlé. Le thème de leur échange : la protection de l'environnement. Susanne n'a pas hésité longtemps quand il s'est agi de se lancer dans le projet. Sa requête est claire : écrire ses articles avec la classe de Quimperlé. L'idée que la contribution de l'Allemagne soit représentée par ce couple franco-allemand me plaît : heureux, vivant et solidaire. Et si la mobilisation de la jeunesse pouvait être le renouveau de la construction européenne ?

Je n'ai pas les moyens de me lancer dans un tour d'Europe à la rencontre de tous ces élèves qui concrétisent l'idée de Poissy. Nous n'avons même pas pu nous rendre à New York à l'ONU, faute de soutien financier… Néanmoins, je ne résiste pas à l'invitation providentielle de Susanne qui arrive à Quimperlé. J'embarque Aymeric et Marianne avec moi pour qu'ils filment quelques images de cette construction européenne d'un nouveau genre. J'ai toujours dans l'idée de raconter cette formidable épopée par un long film. Dans un très bon français, Mathis, jeune Allemand de 16 ans, constate la différence de politiques environnementales entre la France et l'Allemagne : « Pas simple de limiter le plastique quand tous les supermarchés en regorgent. En Allemagne, nous pouvons ramener les bouteilles dans les magasins. » Avec une vingtaine de ses camarades et la classe française, ils planchent pendant toute une matinée sur le thème de l'alimentation, des déchets et de l'agriculture. Trois articles sortiront de leur travail de recherche orchestré par Susanne et Jens, professeur d'allemand à Quimperlé. Le visage émacié du jeune Jonas est plein d'espoir. Assis en tailleur, il sourit : « Plus nombreux, nous sommes plus forts. Aller à Strasbourg c'est une opportunité fantastique de voir le lieu où nos mots vont être entendus. » Comme Anaïs, Susanne considère que son rôle est de donner envie et de ne pas limiter le champ des possibles pour ses élèves :

Encourager l'agriculture bio, pénaliser l'agriculture intensive

> « Au départ, ils ne pensaient pas que le projet compterait, maintenant ils ont compris que de petites choses associées

donnaient de grandes choses. C'est notre rôle de motiver leur engagement civique parce que ensuite ils sont de formidables ambassadeurs. »

Lena, douce lycéenne bretonne, arbore une chemise kaki aux airs d'uniforme d'une jeunesse en mouvement. C'est elle qui consigne les échanges nourris de son groupe de travail : encourager l'agriculture bio en taxant les entreprises non bio ou pénaliser l'agriculture intensive. Son désir le plus cher est que la Déclaration ait non seulement des répercussions sur les consciences mais qu'elle débouche aussi sur des actions concrètes pour en finir avec le « blabla ». Soulignant la venue dans l'établissement d'Erwan Balanant (député du Finistère) le matin même, elle conclut dans un large sourire que l'espoir existe puisque certains politiques viennent les écouter.

À Poissy, c'est le maire qui rend visite aux lobbyistes le jour de leur rencontre avec Jean-Louis Étienne. Encore une fois, il manifeste son soutien, heureux de constater que l'engagement ne mollit pas et jouit de l'encadrement de l'infatigable Anaïs. Les enfants tiennent à montrer à Jean-Louis Étienne le puits de carbone installé sur la place de la Gare qui a été inauguré en mai 2018 par le maire. Ce puits absorbe en CO_2 l'équivalent de 75 arbres. Soujoud ne manque pas de signifier que parfois la technologie a du bon quand elle permet de réparer les dégâts causés par l'homme. L'explorateur acquiesce :

« Tu vois, la réponse pour préserver le climat a deux dimensions : elle est comportementale, c'est-à-dire que nous devons adapter notre comportement à la situation présente, mais elle peut être aussi, exactement comme tu le dis, technologique. Parce qu'on ne va pas changer le monde du jour au lendemain, il va falloir trouver des solutions dans ces deux domaines. Et ce puits de carbone en est une magnifique démonstration. »

Bonne entrée en matière pour les lobbyistes. C'est le thème qu'ils ont choisi pour apporter leur contribution à la Déclaration des droits de la planète : l'impact de la technologie sur l'environnement. En plus des recherches effectuées individuellement, il leur faut trois séances de travail hors temps scolaire pour finaliser leur proposition. Ces dernières seront étoffées par une classe de cinquième de la Réunion et des élèves de CM2 de Guyane. Cette ouverture sur l'outre-mer apporte une vision plus globale à leurs problématiques. Je suis fascinée par cette fabrique de forces vives qui prend un rythme effréné à l'approche de la date de rendu des articles fixée au 15 octobre.

À la Réunion, le collège Plateau-Goyaves se trouve comme l'école Montaigne de Poissy en réseau d'éducation prioritaire. Wilfried, comme Anaïs, se surpasse pour mettre en place le projet dans un temps record. Pour comprendre les peuples premiers et rédiger l'article de la Déclaration qui leur est consacré, la jeune Maella propose d'interroger sa mère qui vient d'une tribu de l'île de Maré en Nouvelle-Calédonie. Elle fait profiter la classe des réponses. Il en résulte ce commentaire de Courati, 12 ans :

> « Dans leur petit monde, il y a un équilibre entre l'homme et la nature. Nous, jeunes de 12 ans, on ne respecte pas toujours le développement durable alors que, chez eux, un enfant de 5 ans vénère la nature. Prendre exemple sur les peuples premiers serait un avantage. Tout comme l'homme a des droits, la nature devrait mériter ses droits. Nous sommes tous humains, donc, battons-nous pour la nature. »

Une équipe d'adultes, professeurs et médiateurs, à la hauteur des enfants

Au-delà du travail colossal effectué par les professeurs, j'ai aussi la chance d'avoir pu compter sur des ambassadeurs efficaces dans cette aventure. Jacques Krabal fait partie de ceux-là. Le député, secrétaire général de l'Assemblée parlementaire de la Francophonie, prend en affection ce projet porté par la jeunesse. C'est par son entremise que la Polynésie française, avec l'île de Bora-Bora, rallie notre démarche. Téhani, professeure de sciences de la vie et de la terre, fait fi des 18 000 kilomètres qui nous séparent et propose des articles rigoureux sur les droits des océans. Ceux qui voient tous les jours l'érosion des récifs savent mieux que quiconque quelles sont les répercussions du réchauffement des eaux sur la barrière de corail. Ce sont cinquante enfants de sixième qui rédigent les articles ainsi qu'une chanson bouleversante, « Nous enfants de l'Océan », qui deviendra notre hymne pour Strasbourg.

Le 15 octobre arrive. Toutes les productions affluent dans ma boîte mail. Je suis abasourdie et émue par la qualité du travail que je récupère, malgré l'hétérogénéité des classes, les différences d'âge et d'horizon. Je reçois jusqu'à trente-cinq pages Word en anglais pour certains pays, parfois avec des articles clairement rédigés. Il s'agit maintenant de synthétiser et de consolider le texte. L'idée est d'aboutir à des articles uniques et compréhensibles sans dénaturer l'esprit du texte porté par des enfants. L'avocat Yann Aguila accepte de revoir bénévolement les vingt-cinq articles que j'ai consolidés. Il est l'un des coauteurs du Pacte mondial pour l'environnement qui s'inscrit dans la continuité de l'Accord de Paris. L'idée est de construire un sanctuaire juridique transversal pour guider les actions environnementales

Je n'avais pas réalisé tout de suite l'ampleur du travail ni la portée de ce projet civique innovant, émanant des enfants, au niveau national. Après quelques minutes de réflexion, je sentais la charge peser sur mes épaules... L'enjeu était important.
Permettre aux enfants de Bora-Bora de s'exprimer pour la Polynésie entière était déjà un très grand honneur mais aussi un challenge à relever.
Produire des écrits dans un temps très court (trois semaines) sur le thème de l'océan a nécessité la participation d'une équipe d'enseignants (M. Junod en histoire-géographie et Mme Spies en français), l'adhésion de deux classes de sixième que nous avions en commun et l'aide de personnes-ressources. C'est ainsi que nous avons tenu les délais et rédigé le préambule, les articles et la chanson « Nous, enfants de l'Océan » sans nous douter que cela deviendrait l'hymne de la Déclaration des droits de la planète et du vivant ! Nous n'en revenons toujours pas !
Pour l'anecdote, à l'arrivée d'une course de pirogues très célèbre (Hawaiki nui vaa), trois élèves ramassaient les déchets jetés à la mer en chantant « Nous, enfants de l'Océan, nous nous engageons à le protéger ! »
Nous avons vécu une très belle aventure humaine puisque les enfants parlaient avec leur cœur d'un sujet qu'ils connaissaient très bien : la mer, l'océan. En plus de poursuivre le projet en réalisant le clip de la chanson, début 2020, nous pourrons expérimenter le bouturage de coraux et finalement témoigner, auprès des différentes classes participantes, des effets du réchauffement climatique.

internationales. Une sorte de garant de préservation de la planète. C'est une initiative d'un réseau international d'une centaine d'experts issus de 40 pays. Il a été présenté et voté à l'Assemblée générale de l'ONU du 10 mai 2018. Depuis, il est en cours de discussion entre les États.

Yann Aguila apporte alors la caution juridique qui manquait et marque aussi le professionnalisme de la

Nous saluons l'initiative du Lobby de Poissy, l'aide précieuse apportée par leur enseignante Mme Willocq et la détermination de Mme Elsa Grangier sans lesquelles cette Déclaration des droits de la planète n'aurait pas vu le jour. Nous sommes honorés et très fiers de pouvoir participer à vos côtés à ce mouvement international de prise de conscience écologique qui formera les décideurs de demain.
Les enfants sont invités à participer au village de l'environnement les 4 et 5 juin 2020 à Tahiti afin de parler de leur participation au projet. Les bénéfices du clip et ce que vous verserez (sans compter les aides locales et territoriales) pourront nous aider à financer les expériences de bouturage mais aussi ces déplacements.
À savoir que les élèves de la sixième 5 ont été pris en photo, lors de leur visite à la nurserie de corail, par Éléonore Henry de Frahan et interrogés par Aude (reporter) du collectif Argos. Elles vont proposer une exposition de photos et de textes au Congrès de la nature (UICN) à Marseille en juin 2020 sur le réchauffement climatique. Elles suivaient Lætitia Hedouin, spécialiste du corail en Polynésie, à qui nous avons fait appel pour la formation des guides lagonaires.
Donc nous retrouverons peut-être les auteurs de la chanson en photo à Marseille !
Autrement, dans le cadre des aires marines éducatives, il se pourrait que nous puissions nous déplacer à Montréal en 2020 afin de participer à un colloque sur les aires marines protégées.

Téhani Maueau, 19 décembre 2019

démarche. Entre-temps, Karima Delli, fidèle à ses promesses, finance sur son enveloppe d'eurodéputée la venue de trente-trois personnes en France métropolitaine. Il va falloir arbitrer et faire en sorte que la plupart des pays soient représentés à Strasbourg. Face à ce dilemme, la Commission européenne me confirme prendre en charge la venue de vingt et une personnes. Je propose aux professeurs de choisir cinq

Quand Elsa Grangier m'a proposé de procéder à une relecture juridique du projet de Déclaration européenne des droits de la planète, j'ai tout de suite été admiratif du travail de ces enfants. Leur Déclaration est inspirante pour plusieurs raisons.
Inspirante d'abord parce qu'elle incarne un message de la jeunesse. De ce point de vue, on ne peut qu'être frappé par l'optimisme, la fraîcheur, la sincérité et, finalement, la sagesse qui se dégagent de ce texte. Les enfants se sont exprimés avec leur cœur et, comme chacun sait, « on ne voit bien qu'avec le cœur »... D'ailleurs, cette Déclaration est un peu le regard que pourrait porter aujourd'hui sur notre planète le Petit Prince, s'il revenait parmi nous. Les enfants ont ainsi déclaré, de façon poétique, que la planète a le droit à un ciel de nuit étoilé ou encore que l'océan a le droit de rester dans son état d'origine, clair et bleu.
Ensuite, la Déclaration des droits de la planète est inspirante en ce qu'elle contribue au débat sur la question des droits de la nature. Certes, en l'état actuel du droit positif, il est bien entendu délicat de faire de la nature un sujet de droit. Pour autant, ces enfants, qui représentent le futur, sont peut-être les précurseurs des évolutions à venir. En ce sens, ils méritent a minima d'être écoutés. La notion de « droits de la planète » a d'ailleurs, en tout état de cause, une grande valeur symbolique. En effet, même si, dans le contexte du système juridique occidental, les règles de droit s'appliquent

de leurs élèves et deux accompagnants. Dans la même semaine, Wilfried m'informe que l'eurodéputé de la Réunion prend en charge la venue de leur délégation. Ils sont douze. Valérie en Guyane réussit quant à elle à trouver, en dernière minute, un financement. Elle va traverser l'Atlantique avec les plus jeunes auteurs de ce texte : quatre élèves de CM2. Les 310 contributeurs du texte seront représentés par près de 70 d'entre eux au Parlement européen. Une marée

exclusivement aux êtres humains, celles-ci sont précédées et motivées par des considérations éthiques. Ces dernières nous indiquent la finalité du droit. De plus, il est important de ne pas négliger que, dans d'autres systèmes juridiques, ce concept a eu un certain écho, comme en Équateur, en Bolivie ou en Nouvelle-Zélande. À travers ce débat, c'est un souffle nouveau qui nous vient d'autres continents. Dans un monde globalisé, il faut accepter un certain pluralisme juridique.
Enfin, la Déclaration est inspirante dans la mesure où elle nous oblige à aller plus loin et peut inciter nos gouvernements à agir. Si l'on prolonge la vision des enfants, le projet de Pacte mondial pour l'environnement, actuellement en discussion à l'ONU, reprend des considérations proches de celles de la Déclaration des droits de la planète. Comme elle, le Pacte serait un texte « boussole », consacrant des droits et devoirs environnementaux tels que le droit à un environnement sain ou le devoir de prendre soin de la planète. Depuis le décalogue de Moïse jusqu'à la Déclaration universelle des droits de l'homme, les sociétés ont toujours besoin de ce type de textes fondateurs. Nous avons besoin de principes. Car les principes sont comme les étoiles : on ne peut pas les toucher, mais ils nous montrent la direction. Aujourd'hui, ce sont les enfants qui nous montrent la direction. Espérons que nous aurons la sagesse de les entendre.

Yann Aguila, avocat au barreau de Paris,
22 décembre 2019

humaine. L'excitation est à son comble. Le 27 novembre est un jour historique.

Le 9 novembre, je reçois la version finale du texte revue par Yann Aguila, celle que vous avez lue en préambule du livre. Je n'en reviens pas. Je la lis à voix haute. Les larmes montent. Je repense à Bilal, qui comparait ce projet à l'Eurovision, puis à Soujoud, qui s'est affirmée au fil du temps. Je jubile en espérant qu'Emmanuel Macron regrettera de ne pas avoir reçu Thomas. Ils ont tant travaillé, tant espéré, tant rêvé. Tous autant qu'ils sont. De la Pologne à la Croatie, du Portugal à la Suède, de Bora-Bora à l'Espagne, la prise de conscience est universelle et les solutions sont à construire ensemble. L'important n'est pas d'être optimiste, mais d'être déterminé. Plus de temps à perdre, j'envoie le texte à Julia de la Commission européenne pour le faire traduire. Elle réussit à prendre en charge la traduction dans non pas quatre langues comme initialement prévu mais les vingt-sept de l'Union. Nous sommes tous portés par l'énergie de ce projet. Je règle les derniers détails logistiques concernant la venue de chacun. Caroline, cheville ouvrière de Toute l'Europe, se mobilise et prend en charge la réalisation de posters sur lesquels le texte est inscrit. Elle suggère même d'imprimer la Déclaration sur des planches plus rigides pour les emporter à Strasbourg. Elle ne sait pas encore que nous les laisserons entre de bonnes mains.

13

« COMME QUOI, IL FAUT CROIRE EN SES RÊVES »

27 novembre 2019. Consécration de ce travail collégial : invitation au Parlement européen de 70 enfants aux couleurs du nouveau collectif Kids for planet's rights pour présenter et lire la Déclaration européenne des droits de la planète et du vivant. Ils sont accueillis par le président du Parlement et félicités par la nouvelle présidente de la Commission.

Impose ta chance, serre ton bonheur et va vers ton risque.
À te regarder, ils s'habitueront.

René Char, *Les Matinaux*

11 octobre 2019

> Faisant suite à la demande de Mme Karima Delli, députée au Parlement européen, j'ai le plaisir d'inviter votre groupe, le Lobby de Poissy, à une visite au Parlement européen.
> Le 27 novembre 2019 à 11 h 30 au bâtiment Louise Weiss à Strasbourg.
> Tribune d'honneur de l'hémicycle de 12 heures à 13 heures.
> Conférence et discussion de 13 h 30 à 15 heures.
>
> *Lucie Barreira, assistante Secteur francophone, Parlement européen*

Quelques médias commencent à saisir l'importance de l'enjeu. Soujoud, Elmezoir, Noémi, Osswa et Thomas ont été sélectionnés par les membres du Lobby de Poissy pour les représenter à Strasbourg. Ils répondent aux questions de BFM Paris et de *Libération* :

> « Nous voulons que ce texte traverse les océans et que les politiques agissent. Nous ne sommes pas que des enfants mais aussi les auteurs d'une Déclaration », déclare Soujoud.

La reconnaissance extérieure crée une formidable source d'énergie pour ces activistes qui n'ont pas vu leurs résultats scolaires souffrir de leur engagement.

Au mois de septembre, j'ai fait la connaissance téléphonique de Thierry Delazzer. Il est l'un des collaborateurs de Karima Delli. Sous l'impulsion de l'eurodéputée, il se démène pour répondre à nos besoins, va au-delà de nos attentes. Au téléphone, le ton est souvent à l'humour, nous tentons de mettre à distance le poids de ce projet dont nous mesurons le caractère indispensable mais aussi la colossale difficulté de coordination. C'est un soutien hors pair : franc, volontaire et généreux. Il n'hésite pas, comme chacun dans ce projet, à sortir de sa zone de confort. Nous nous appelons quasi quotidiennement. Il m'apprend qu'ils ont obtenu avec Karima que le président Sassoli prononce un mot rapide pour les enfants lorsque ceux-ci entreront dans la tribune d'honneur. Incroyable ! Surtout, il m'apprend que le 27 novembre est une journée très chargée parce qu'elle verra l'investiture de la première présidente de la Commission européenne : Ursula von der Leyen dont le maître mot est « green deal ». Pas de doute : les 750 députés européens seront présents et prendront connaissance de la Déclaration des droits de la planète et du vivant qui leur a été envoyée le matin même par mail. Petit bémol : aucune salle de conférences de presse n'est disponible en raison de l'affluence lors de cette plénière. La lecture de la Déclaration par les élèves aura lieu dans un hall réservé aux cocktails. Un vrai happening au Parlement.

Le point d'orgue : invasion des jeunes au Parlement européen

La logistique des jours qui précèdent le 27 novembre est fastidieuse : il faut s'assurer que tous ont leur billet, leur logement, faire les demandes d'accréditation, régler les derniers détails de la conférence de presse, veiller à ce que chaque enfant ait un temps de parole nécessaire, récupérer les sweats financés par la Commission européenne, et assurer la mise en ligne d'un site dédié : kidsforplanetrights.org

Là encore, le chemin de l'engagement est pavé d'êtres bienveillants. « Tu n'as pas envie de changer le monde ? » Sur le ton de l'humour, je demande à Matthieu Stefani, entrepreneur talentueux et dirigeant de l'agence interactive Cosa Vostra, s'il accepte de me fournir gracieusement un site Internet « le plus simple possible pour éviter un temps de travail trop long ». Tout cela pour héberger LA Déclaration. Le nom de son agence n'est pas le fruit du hasard. Il accepte sans hésiter. Ça ne s'oublie pas.

Comme je n'oublierai pas non plus que Javier Bardem aurait pu être notre ambassadeur. L'acteur est impliqué auprès de Greenpeace. Il a signé la production d'un documentaire, *Sanctuary*, qui milite en faveur de la protection des océans et propose la création d'un sanctuaire marin dans l'Antarctique. Il avait accepté de nous accompagner à Strasbourg jusqu'à ce que la patrouille Amazon le rappelle à l'ordre en lui calant un rendez-vous de promotion de sa prochaine série ! Maudits GAFA ! L'avantage est que l'attention restera braquée sur les 70 enfants qui s'apprêtent à envahir le Parlement.

J-8, je lance un groupe Whatsapp avec les professeurs pour que chacun envoie ses photos de voyage avant notre rencontre. Je le nomme « Dream Team » et je l'affuble du drapeau européen. Oui nous rêvons ensemble !

La délégation de Poissy doit se coucher tôt. Le réveil sera à 5 heures du matin. Le train les attend gare de l'Est à 7 heures. Elmezoir oublie sa carte d'identité. Anaïs se débrouille pour la récupérer et assure la montée dans le train. Malgré les petits yeux, l'excitation est à son comble. Et malgré le stress, Soujoud a hâte de rencontrer les autres participants à la Déclaration au Parlement. Quant à Anaïs, elle ne minore pas l'importance que revêt cette première étape :

> « Avec ce projet collectif, c'est un Parlement qui s'ouvre aux jeunes. C'est dingue ! Je trouve ça fort comme message : on écoute les enfants. Certains raillent leurs actions, les disent incompétents ou instrumentalisés. Mais ces personnes ne doivent sans doute pas savoir vraiment de quoi ils parlent ni qui ils ont en face d'eux. Au nom de quoi peut-on indiquer qu'un enfant n'est pas apte à exercer un jugement ou produire

une pensée ? C'est ce que l'on développe en eux tout au long de leur éducation et de leur scolarité ! L'école des Lumières ! »

Justement, c'est une petite lumière que Soujoud et Osswa veulent incarner. Ils sont le fameux lobby des consciences dont leur parlait Nicolas Hulot.

L'équipe Pologne est 100 % féminine !

Il n'accompagnera pas les 70 enfants d'Europe à Strasbourg, faute de disponibilité. Mais, en guise de soutien, il leur adresse une vidéo dans laquelle, lui aussi, manifeste sa surprise : « Qui aurait pu penser que vous porteriez ce texte au Parlement européen, en tous les cas, pas moi ! » Comme nous n'aurions sans doute pas pu imaginer qu'il démissionnerait en direct un matin d'août 2018. À situation exceptionnelle, comportement exceptionnel donc. Chacun ses choix. Pour lui, comme pour le Lobby.

L'heure du rendez-vous approche. Je rejoins Thierry dont j'ai fait la connaissance physique la veille. Le nombre de visiteurs est impressionnant ce jour-là au Parlement. C'est la cohue au contrôle. Tout le monde arrive en même temps. Diogo, lycéen portugais, arbore fièrement le drapeau de son pays en franchissant la place Louise-Weiss. Quant à moi, ce sont les montagnes russes émotionnelles. Tant de temps à échanger avec ces fabuleux professeurs, pour la plupart, sans les voir, et soudainement les serrer dans mes bras. Je ris de voir Beata, qui de Pologne a bravé la barrière de la langue. Je découvre Magdalena, Zofia, Weronika, Ada et Karolina. L'équipe Pologne est 100 % féminine ! L'équipe Suède arrive avec Anela en tête, leur professeure, suivie de près par la Guyane, puis la Croatie. Je peux enfin embrasser rapidement Susanne et Jens. Les yeux brillent. Jeanne Santini, secrétaire générale de l'Assemblée de Polynésie française, a fait le déplacement pour assurer la représentation de Bora-Bora. C'est incroyable. Toutes les délégations reçoivent leurs sweats blancs à l'effigie de la Déclaration avec la mention « Kids for planet rights ».

La voilà notre armée de cœurs vaillants. Tel un seul corps, elle envahit les escaliers du Parlement pour une photo de groupe. Le changement qu'ils incarnent a la couleur de l'innocence mais le regard affirmé d'un demain à reconstruire. Karima Delli nous rejoint avant de filer à l'hémicycle. Celle sans qui cela ne serait jamais arrivé veut voir la jeunesse qui se dresse au Parlement. Sur la dernière marche de l'escalier, Anaïs lève la tête comme prise de vertige. Elle revoit sans doute les petites chaises de sa classe à Montaigne et maintenant les marches du Parlement. La journée va être haletante et surtout, pleine de surprises. Les enfants prennent l'espace, commencent à échanger entre eux malgré la barrière de la langue. Le bâtiment des institutions européennes est immense… à s'y perdre. Comme une mère poule, je veille à ne pas les perdre de vue. Thierry, le visage inquiet, m'informe que l'heure de notre entrée dans la tribune d'honneur est avancée. Nous avons dix minutes pour nous y rendre. Nous sommes à quatre étages de l'entrée, escaliers et barrières de sécurité font partie du périple. Déplacer 70 personnes en quelques minutes relève du défi. C'est mal connaître ces enfants d'Europe et leurs professeurs. Tous arrivent parfaitement à temps pour vivre ce moment unique.

Une rumeur se répand dans l'hémicycle alors que les enfants se lèvent

En entrant dans l'hémicycle, Thomas est saisi par l'immensité du Parlement. Les députés paraissent si petit vus de la hauteur de la tribune d'honneur. Pourtant, les membres du Lobby de Poissy réussissent à identifier le sourire plein de Karima Delli qui leur fait de grands signes. Les sweats blancs occupent trois rangs et deux tribunes. D'en bas comme d'en haut, on ne voit qu'eux. C'est magnifique. Soujoud a pris soin de récupérer un des panneaux sur lesquels figure la Déclaration. Le bruit de fond des députés qui s'installent s'estompe. Tous les enfants se munissent de casques pour la traduction. La séance démarre. L'italien du président Sassoli retentit : « J'ai le plaisir d'accueillir en tribune d'honneur, 70 élèves accompagnés de leurs professeurs venus au Parlement européen pour présenter leur Déclaration des droits de la planète et du vivant. Bienvenue les enfants ! » Les enfants se regardent interdits – je comprends que la traduction leur parvient à mesure que leur visage s'illumine.

Elmezoir fait signe de se lever. Une vague blanche de sourires se déploie. Soujoud brandit une demi-douzaine de fois la Déclaration. Elle la passe même par-dessus la vitre de séparation. Leur texte est entré au Parlement. Une rumeur se répand dans l'hémicycle alors que les enfants se lèvent. Karima Delli est debout. Nombre de ses collègues l'imitent. Ils applaudissent à tout rompre. C'est une standing ovation qui apparaît devant les yeux bleus d'une Ursula von der Leyen émue. La jeunesse d'Europe lui désigne déjà les engagements qu'elle va devoir tenir.

Comme quoi, on peut croire en nos rêves !

Erelle, la lycéenne bretonne qui débattait fermement à Quimperlé, applaudit, dresse ses pouces et prend conscience de ce qu'elle a contribué à faire exister. Emma, jeune Allemande, réalise : « C'est incroyable parce que nous avons fait le projet dans le cadre de notre échange, et maintenant nous sommes là. » Le regard de Noémi brille et son sourire déployé l'empêche presque de parler : « Le président du Parlement a parlé de nous ! » Quant à Soujoud, le réveil matinal n'atteint pas la clarté de son propos : « Nous devons avoir confiance en nous. Au début, c'était juste une idée et maintenant c'est une Déclaration. Comme quoi, on peut croire en nos rêves ! »

Les instants qui suivent ne seront que rêve éveillé. Karima Delli retrouve la délégation de la jeunesse européenne sous une pluie d'applaudissements en guise de remerciements. Poussée par l'énergie de ces enfants, elle nous réserve une énorme surprise. Elle embrasse Soujoud, salue la plupart des enfants :

> « Bon, je suis très heureuse d'être là, et d'en revoir certains. En mai dernier, le Lobby de Poissy m'a demandé d'aider à porter la Déclaration ici. Vous venez de le faire. Mais, maintenant, je vais vous demander de me suivre, parce que je vous ai réservé une petite surprise. (Les enfants se regardent, cherchent à comprendre.) Pour officialiser votre Déclaration, vous allez la remettre en main propre au président du Parlement dans le salon d'honneur. »

Erelle sourit de bonheur tout en regardant son camarade Romain. Ils sont interloqués. Jens les observe sans cacher sa joie. Soujoud et Thomas applaudissent, heureux. Les enfants marchent en cadence, tous derrière Karima Delli. Elmezoir agite en rythme les deux drapeaux européens qu'il a reçus à son arrivée. Nouvelle course à travers les couloirs. Les enfants se placent enfin devant la porte ouverte qui permet d'apercevoir celui qui les a accueillis dans l'hémicycle. « Encore trois ou quatre minutes les enfants, après c'est à vous », leur glisse Karima Delli. Soujoud piaffe d'impatience. Thomas tient fermement le panneau où figurent les 18 articles de leur Déclaration. Ces minutes sont longues. Le président sort, arborant un large sourire.

C'est une Déclaration très importante

> « Cher Président, ils sont les meilleurs gardiens de la planète, regardez ce qu'ils vont vous remettre : leur Déclaration des droits de la planète. »

Je suis heureuse de voir Thomas serrer la main d'un président tout en remettant le résultat de ce travail collectif sans précédent. L'instant est historique. Applaudissements et flashs retentissent.

Certains pays, comme l'Équateur, nous ont déjà montré le chemin en incluant les droits de la nature dans leur constitution

En repartant avec le panneau contenant le texte, David Sassoli ajoute : « C'est une Déclaration très importante. » Il l'emporte dans son bureau. Nous filons vers notre lieu de conférence de presse qui n'en est pas vraiment un. Nous sommes en retard.

Cette journée est à l'image de la situation mondiale : une course contre la montre. La nuée de sweats blancs envahit l'espace dans lequel se trouvent déjà deux députés Europe Écologie-Les Verts, Yannick Jadot et Damien Carême. Malgré mes nombreuses sollicitations, je n'ai jamais pu organiser une rencontre entre le Lobby de Poissy et le leader des écolos en France. En revanche, Thomas reconnaît le député Damien Carême avec lequel il avait échangé au festival We Love Green.

La conférence démarre. Chaque enfant lit un article de cette Déclaration. Soujoud conclut cette lecture en scandant haut et fort l'article 18 qui en dit long sur leurs espoirs :

> « Article 18 : Notre planète a le droit d'être représentée pour agir en justice contre toute personne responsable de pollution excessive. »

Ce dernier article sonne d'autant plus fort que la notion d'« écocide », portée en France notamment par la juriste Valérie Cabanes[1], commence à se faire connaître. L'écocide

1. *Un nouveau droit pour la Terre. Pour en finir avec l'écocide*, « Anthropocène », Seuil, 2016.

donne un nom à la destruction en conscience de notre planète Terre par des technologies industrielles irrespectueuses du vivant. Quelques jours plus tard, les débats pour la reconnaissance de ce crime contre la nature auront lieu en pleine journée à l'Assemblée nationale. La classe politique s'intéresse-t-elle à ce sujet ? Seuls 38 députés seront présents dans l'hémicycle. 26 d'entre eux rejetteront la loi. Certains pays d'Amérique latine, comme l'Équateur, nous ont déjà montré le chemin en incluant les droits de la nature dans leur Constitution, ce qui permet de reconnaître efficacement une personnalité juridique aux écosystèmes et de déployer un arsenal juridique pour les protéger. Adopter, voire ratifier la Déclaration des droits de la planète portée par la jeunesse permettrait indéniablement de franchir un pas sur ce sujet. Quand les élèves défendent leur projet, leurs arguments sont imparables.

Certains d'entre eux expliqueront la manière dont ils ont travaillé, les professeurs décriront les raisons de leur engagement. Cristina, jeune lycéenne portugaise, prend la parole. La veille, elle semblait pessimiste sur l'impact de leur projet. Aujourd'hui, c'est un tout autre visage qu'elle présente. Sa camarade Joana lui a transmis sa détermination. À ma question : « Pourquoi avez-vous voulu participer au projet ? », elle m'avait répondu dans un anglais impeccable : « Parce que nous devons survivre ! »

Karima Delli me fait un clin d'œil et me glisse : « J'ai une surprise encore. » Alors que la conférence s'achève sur les discours des partenaires, la foule s'est dispersée. L'heure du goûter a sonné. Nous sommes entre nous, savourant l'incroyable journée que nous venons de vivre. Au loin s'approchent une veste orange, un regard bleu et une démarche assurée. La présidente de la Commission européenne fraîchement élue, Ursula von der Leyen, vient saluer les enfants à la demande de Karima Delli. Cet instant nous appartient. C'est elle qui vient vers eux. À peine arrivée face aux enfants, elle les applaudit. Karima Delli lui explique la démarche et mentionne quelques articles :

> « La planète doit retrouver un ciel étoilé.
> – Oh c'est joli ! Je peux prendre la Déclaration avec moi ? Osswa la lui tend. Je suis très impressionnée vous savez. Le Parlement a beaucoup soutenu ce thème : et c'était le jour qu'il fallait choisir. »

Le sens de l'à-propos de notre hôtesse Karima entérine le geste : « Chère Ursula, c'est votre premier cadeau en tant que présidente. » Il est une forme d'aide-mémoire qui va trôner dans le bureau de celle qui proposera quelques jours plus tard son « green deal » annonçant une neutralité carbone à atteindre pour 2050.

Soujoud, Thomas, Osswa, Noémi, Elmezoir, Erelle, Jonas, Lena, Cristina, Joana, Mathis auront entre 43 et 47 ans. D'ici là, cette Déclaration a de grandes choses à accomplir. L'histoire commence à peine !

ÉPILOGUE

Et tout de suite, la suite !

Ces deux dernières années ont été les plus beaux moments de ma jeune vie. Nous avons fait tellement de bonnes choses que je n'aurais pu imaginer. Je ne pourrais jamais l'oublier.

Rémy, membre du Lobby de Poissy, janvier 2020

Moi non plus, Rémy, je n'oublierai rien. Tous ces moments passés avec vous ont réveillé l'enfant qui sommeillait en moi. Celui qui ne sait faire que rêver.

En écrivant les dernières lignes de ce récit, je réalise que, quoi qu'il se passe maintenant, il reste dans les têtes, les yeux et les cœurs de ces enfants une trace indélébile : un jour, les choses ont été rendues possibles par une alchimie humaine indéfinissable. À mesure que nous gravissions des montagnes, je les ai vus grandir, gagner en connaissances, s'émanciper, et surtout prendre confiance en eux. Avoir foi en soi est la condition sine qua non pour réaliser nos rêves. J'ai vu leur intelligence s'épanouir. Ne la sous-estimons pas.

Rêver grand : voilà ce que nous avons fait. Les enfants ont encore des rêves. Alors nous avons construit pour eux, autour d'eux, *avec* eux. Tout cela aurait été impossible sans le rôle essentiel des passeurs de savoir : du savoir tout court, du savoir-faire et enfin du savoir être. Les professeurs. Anaïs, Beata, Francisco, Jens, Melita, Anela, Miika, Rosaria, Emiltina, Jelena, Monica, Isabel, Wilfried, Valérie, Irena et Téhani sont les gardiens d'un temple : celui de la citoyenneté, de l'émancipation, du développement de l'esprit critique et de la confiance en soi pour nos enfants.

Et les enfants ? Leur place en première ligne de l'engagement pour l'environnement est parfois contestée. Car, non seulement ils n'ont pas une complète connaissance du problème écologique (mais quels adultes peuvent y prétendre ?), mais ils peuvent aussi souvent être perçus comme instrumentalisés, et assister impuissants à leur propre procès en illégitimité. À mon sens, il n'y a pas plus pertinent que la jeunesse, pour soulever et porter les questions environnementales. Qui pourrait en toute bonne foi contredire un enfant quand il réclame le droit de vivre dans un monde meilleur ? Parce que l'enfant est l'avenir. Et ces questions sont indubitablement des questions d'avenir. Mais aussi parce que les enfants ne sont pas encore résignés à l'impuissance, qui parfois nous paralyse. Ils sont pour nous une source d'utopie mobilisatrice.

Tout cela aurait été impossible sans le rôle essentiel des professeurs

Peut-être, nous, les femmes, ne sommes-nous pas mal placées pour les relayer… Oui, parce que, au démarrage, cette aventure est celle de femmes. Des mères de famille prêtes à encourager leurs enfants, une professeure des écoles dont la vocation est chevillée au cœur, un collectif d'enfants féminin dans sa grande majorité, une journaliste-réalisatrice (moi), une responsable de France tv éducation, des femmes politiques… Étrangement, la plupart des experts que nous avons rencontrés par la suite sont… des hommes. Drôle non ? Pas si surprenant comme répartition des rôles, même si je crois fermement à l'avenir de l'alliance hommes-femmes qui a prévalu dans notre cas ! Car nos parrains Hubert Reeves, Nicolas Hulot, ont chacun à leur place été déterminants pour notre succès.

« Tu sais, Elsa, cela fait cinq ans que je n'ai pas vu la mer », m'a confié Soujoud ses yeux noirs fondus vers le bleu de la ligne d'horizon. Maélys, Anaïs et Soujoud m'avaient accompagnée pour présenter la série « Le Lobby de Poissy » au festival Green Awards de Deauville[1]. Après la projection, nous nous sommes éclipsées, toutes les quatre, pour humer l'air de la Manche. Je nous revois encore avec Anaïs regarder au loin les deux jeunes filles jouer avec les vaguelettes puis revenir vers nous, le jean trempé, le sourire aux lèvres. Heureuses. Ce que cette aventure a permis est inestimable.

Les racines de l'engagement citoyen sont bel et bien à l'école

Et puis, débarquer dans le quartier de Beauregard à Poissy, regarder ces enfants, vivre avec eux, m'a aussi permis de souligner que l'écologie n'est pas l'apanage d'une classe sociale privilégiée. Certes, il est rare de voir les quartiers oubliés de la République dans les marches du climat parisiennes. Et pourtant, il aura suffi d'un regard, celui d'une enseignante, puis d'une réalisatrice, pour que la machine se mette en marche. L'école reste la clé pour ouvrir la porte d'un monde meilleur. Un ferment. Loin des discours souvent culpabilisants ou constatant le déclin, ces

1. La série *Le Lobby de Poissy : les enfants s'engagent pour sauver la planète* a été primée d'un Award d'argent dans la catégorie « Documentaire responsabilité sociétale ».

enfants sont une invitation à travailler ensemble. Toutes générations confondues. Toutes compétences mêlées. Toutes catégories sociales. Ces enfants ne portent pas une utopie enfantine mais nous adressent un appel constructif, ils montrent le chemin vers ce que l'Europe pourrait offrir de plus beau : une passion gaie pour contrecarrer les passions tristes qui montent partout.

Cette histoire que j'ai vécue, accompagnée, portée et défendue est celle de ces enfants qui ne s'imaginaient pas autorisés à agir et à qui nous avons donné les moyens pour leur incontestable légitimité. D'une classe verte au Parlement européen en passant par l'ONU : nous avons rêvé haut et montré que tout est possible ensemble. Ce récit est bien plus qu'une radiographie d'une jeunesse qui s'engage. Tellement plus.

Dans cette folle et impétueuse aventure humaine, j'ai bien trouvé ce que j'étais venue chercher : les racines de l'engagement citoyen sont bel et bien à l'école. J'ai vu ces petits êtres de lumière se transformer à mesure que les mois passaient. Osswa, Maélys, Thomas, Soujoud, Rémy, Bilal, Jorcel, Houcine, Kati, Sana, Noémi, Elmezoir, Joshua, Yasmin, Avin. L'investissement total des enfants n'a jamais pesé sur leurs résultats scolaires. Au moment où j'écris ces lignes Osswa et Soujoud m'ont adressé leurs bulletins du premier trimestre. Elles ont obtenu le tableau d'excellence. Soujoud est devenue déléguée de classe, s'est impliquée dans la collecte des Restos du cœur. Je ne vous parle pas de Maélys qui caracole en tête, ou de la force tranquille de Thomas. Engagement citoyen et excellents résultats scolaires sont sans conteste compatibles.

Nous sommes devenus un collectif : chacun avec ses qualités propres qui, isolées, ne valent pas grand-chose, mais qui mises en commun enfoncent les portes du Parlement européen, et peuvent bien plus encore à l'avenir, j'en suis sûre. Voilà un « putain de facteur humain » qui nous plaît. N'est-ce pas, mon cher Hubert ! Grâce à toutes ces rencontres, j'ai élargi ma famille. Anaïs d'abord, puis Stéphanie, Souraya, Fabrice, Ella, Sarah, Gwenaëlle et tous les autres parents des lobbyistes de Poissy. Ils m'ont fait un incroyable cadeau. Ils m'ont offert leur confiance. Et pour cela, j'éprouve une infinie gratitude.

Notre histoire commune, nous allons continuer de l'écrire ensemble

En réalité, notre aventure démarre. Vous en êtes, maintenant, chers lecteurs, les dépositaires et sans doute les futurs acteurs. Nous sommes les maillons d'une même chaîne. Je le sais maintenant. Ce que nous avons fait, tout le monde peut le faire ou y participer. Cette petite histoire est déjà entrée dans la grande.

À présent, le Lobby de Poissy avance sur sa proposition de loi contre la pollution lumineuse, et je ne serais pas étonnée que la Déclaration des droits de la planète et du vivant prenne une nouvelle dimension dans les prochains mois. Notre histoire commune, nous allons continuer de l'écrire ensemble.

POST-SCRIPTUM

Je glisse ici les messages reçus
après notre présentation au Parlement.

9 décembre 2019

Chère Elsa,
mercredi 11 décembre, le conseil municipal de Biot a voté la motion qui déclare l'état d'urgence climatique à Biot.
Cette motion engageante a été présentée en début de conseil et, en préambule, les jeunes Biotois pour le climat ont présenté la Déclaration de la planète et du vivant.

Max, conseiller municipal de la ville de Biot

10 décembre 2019

Coucou Elsa,
Nous sommes en train de tout mettre en place pour que la Déclaration voyage en Italie. Nous allons appeler notre mairie de Collegno pour l'imprimer sur un carton comme tu l'avais fait pour Strasbourg. Ensuite, nous allons voyager avec elle !
Nous allons aussi écrire au président de la République. Nous croyons à fond dans ce texte.

En mars, nous rendons visite à la Commission européenne, invités par un député italien. Nous t'attendons.

Monica, professeure à Collegno (Italie)

12 décembre 2019

Bonjour Madame Grangier,
Suite à votre échange avec M. Klassen, je me permets de vous contacter afin d'organiser une rencontre à l'ambassade du Canada en France avec S. E. Ambassadrice Hudon. Seriez-vous disponible ?

Aline Romanos,
adjointe de l'ambassadrice du Canada en France et à Monaco

19 décembre 2019

Nous allons rencontrer toutes les écoles avoisinantes et plus encore pour présenter la Déclaration des droits de la planète. Les parents et les étudiants sont extrêmement fiers de ce qui arrive.

Emiltina, professeure à Almada (Portugal)

29 décembre 2019

Chère Elsa,
Bravo pour la Déclaration ! J'aimerais vous parler la semaine prochaine de certains projets.
Tous mes vœux pour la nouvelle année.

Maria Mercedes Sanchez,
Coordinator of the UN Harmony with Nature Program

HYMNE[1]

Nous enfants de l'Océan

Nous enfants de l'Océan
Chérissons ce bien qu'on a hérité
Nous enfants de l'Océan
Nous nous engageons à le protéger !

***

L'Océan nous donne la vie
Avec sa biodiversité
Soyons tous reconnaissants
Pour ce cadeau merveilleux !

***

La pollution due au pétrole
Nous donnera de plus en plus chaud
Quand le niveau de l'eau monte
Passons aux énergies propres !

1. Articles rédigés sur les droits de l'Océan par les 6e 5 et 6e 7 du collège-lycée de Bora-Bora, novembre 2019. Chanson : paroles des 6e 5 et 6e 7 ; musique de Téhani Maueau ; guitare et arrangements de Jean-Marc Tautu et Heirani Spies. Écoute sur : https://kidsforplanetrights.org/hymne-de-la-declaration-des-droits-de-la-planete

* * *

Les poissons font partie de nos vies
Et la surpêche les détruit
Facilitons leur reproduction
En mettant des règlements !

* * *

Chacune de nos actions sur terre
Aura un impact dans la mer
Stop à la boue et aux plastiques
Vive les coraux et la vie !

Matou te mau tamarii no te moana ha
(Nous sommes les enfants de l'Océan)

LISTE DES PARTICIPANTS À LA CORÉDACTION DES DROITS DE LA PLANÈTE ET DU VIVANT

LOBBY DE POISSY – FRANCE

École Montaigne, collège des Grands-Champs
Encadré par Anaïs Willocq
Ait Ali Oulhaj, Sana ; Boudhafri, Osswa ; Gougui, Yasmin ; Garofalo, Remy ; Gigan, Antony ; Sounga Mahoba, Maélys ; Avin, Karatas ; Boudhafri, Soujoud ; Grangier, Sidonie ; Montasser, Bilal ; Goubet, Thomas ; Yebka, Kati ; Koufounda, Joshua ; Grangier, Philippine ; Dumail, Léon ; Ouzzaouite, El Mezoir ; Guaramonti, Noémi.

BORA-BORA – POLYNÉSIE FRANÇAISE

Collège-lycée de Bora-Bora
Encadré par : Heirani Spies (français) ; Tehani Maueau (SVT) ; Thierry Junod (Histoire-Géographie).
Participants extérieurs ayant guidé le travail des enfants : Lucille Sowinski ; Tamatoa Bambridge ; Jeanne Santini ; Tefau Frêre ; Gaston Tong Sang ; Jean-Marc Tautu ; Hauata Keron ; Poerani et Milton Doom ; Apolline Uong.
Aravetupu, Hauani ; Atiu, Heivini ; Burlion, Coco ; Chabin-Haoata, Keani ; Crocombe-Ellacott, Maraehau ; Giraud, Kalei ; Haoata, Kohana ; Haoatai, Tavae ; Iotefa, Joseph ; Jordan, Tevaiarii ; Leclercq, Clara ; Mahanora, Richard ; Mauahiti, Teanu ; Ott-Duvivier, Benjamin ;

Raioho, Papara ; Roopinia, Heremana ; Sumbul, Arda ; Tamahahe, Haurani ; Teaku, Tamatea ; Teheiura-Tehina, Vaihau-Tehihipo, Nahei ; Tepapa, Huiterai – Teriipaia, Vairaumati ; Teriitau, Tevainui ; Tiori, Kahei ; Tiori-Le Rossignol, Kei ; Toropee-Harry, Kleinth ; Vahapata, Hitiarii ; Watanabe, Vaihei ; Barff, Daley ; Chang- Sang, Hereiti ; Courtat, Manutea ; Dolcini Oehau ; Faaara, Mariana ; Holman, Keahi ; Lestoille, Titiheikua ; Manea Faatino ; Manutahi, Manutini ; Marea, Faahei ; Moetaua, Heremoe ; Nanuaiterai, Siumoun ; Roopinia, Teamo ; Taea, Herearii ; Tanoa, Samuel ; Taputu, Kalami ; Tarano, Moeana ; Teara, Reyna ; Tehaurai, Kyran ; Temauri, Tehauarii ; Teriitau, Vaihiatua ; Tinirau, Naomie ; Tinorua, Océane ; Tiori Mairau, Ariirua ; Vahapata, Hitiarii ; Vane Léonidas ; Watanabe, Teariitinitini ; Watanabe, Vaihei ; Watanabe, Vaiiti

DUBRAVA – CROATIE

Elementary school Dubrava
Encadré par : Melita Androlić et Jelena Skupnjak
Margareta, Bilanović ; Čus, Luka ; Jambrušić, Martin ; Štehec Sušac, Fran ; Vreš, Barbara ; Runjavec, Ella ; Šimić, Paula ; Tomić, Lana ; Krivan, Morana ; Mršić, Lucija ; Radović, Daria ; Sablić, Tara ; Belinić, Dominik ; Bilanović, Kristijan ; Gašparić, Ivona ; Katalenac, Nika ; Kelečić, Nika ; Oreški, Borna ; Salaj, Valentino ; Šaško, Patrik.

STOCKHOLM – SUÈDE

Novia Engelska Skolan
Encadré par Anela Devovic
Adhiambo, Ashley ; Altson, Robin ; Ascensio, Santos ; Edwin, Gerardo ; Awad, Muhammed ; Belgasmi, Rima ; Bouchra, Kirollos ; Hares, Sahar ; Jovanovic, Luka ; Lonnrot, Esther ; Morales Montero, Nadja ; Parnanen, Hedda ; Richards Landerberg, Freya ; Shabani, Yasmin ; Spartnan, Jack ; Taufik, Adam.

OLDENBURG – ALLEMAGNE

Altes Gymnasium Oldenburg
Encadré par Susanne Osthövener
Asseln, Thilo ; Asseln, Louisa ; Behrens, Martha ; Bocklage, Emma ; Dannemann, Julia ; Debkowsi, Maximilian ; Diebels, Saskia ; Eißner, Melina ; Feldmann, Jan ; Gerliner, Lilly ; Harb, Mohamed Amin ;

Haye, Jonas ; Haye, Vanessa ; Hempel, Nina ; Holzkämper, Erik ; Joswig, Gero ; Klauke, Mattea ; Kohne, Mathis ; Krawczuk, Paula ; Kühne, Ella ; Kunze, Eva.

QUIMPERLÉ – FRANCE

Lycée de Kerneuzec
Encadré par Jens Duesling
Gaudart, Laura ; Le Masle, Enora ; Gehamin, Romane ; Le Bloa, Candice ; Joyat, Maëlan ; Cornou, Thibault ; Lamarche, Juliette ; Pustoch, Alexanne ; Malguy, Erelle ; Kerdraon, Maïlys ; Broudin, Axelle ; Torri, Lucas ; Helo, Julie ; Caillibot, Anaïs ; Gasnier, Sacha ; Boaillon, Romain ; Schoemann, Angèle ; Prigent-Duigou, Lise ; Rialland, Amaïa ; Gautier, Maëlle ; Michel, Loeïza.

SAINT-LOUIS LA RÉUNION – FRANCE

Collège Plateau-Goyaves
Encadré par Wilfried Eloy
Payet, Céline ; Benard, Maël ; Gence-Peynaud, Maëlla ; Moya, Courati ; Zettor, Nathaniel ; Carambata, Killian ; Robert, Alya ; Papy Loïc ; Raylaza, Laïla ; Mirlo, Priya ; Varechy, Julien ; Pontalba, Noa.

ALMADA – PORTUGAL

Escola Basica e Secundaria Anselmo de Andrade
Encadré par : Élia Martins ; Emiltina Matos ; Isabel Marques ; Miriam Encarnação ; Teresa Cameira, Vanda Ramalho.
Borges, Andrea ; Cunha, Martim ; Gonçalves, Dália ; Cabrita, Gabriel ; Costa, Luís ; Loureiro, Ana Filipa ; Silva, Guilherme ; Silva, Ana Rita ; Oliveira, Catarina ; Isidoro, Mariana ; Montero, Luisannys ; Afonso, Diogo ; Bernardo, Rafael ; Fontinha, Joana ; Reyes, Marta ; Valente, João ; Guerreiro, Catarina ; Mendes, João.

CALAHORRA – ESPAGNE

Colegio Santa Teresa
Encadré par : Francisco Jiménez Ochoa
Abad Abad, Miguel ; Aldea Gregorio, Blanca ; Alpala Riascos, Carlos Andrés ; Antoñanzas de la O, Raul ; Baroja Marente, Manuel ; Barriobero López, Javier ; Beamonde Salinas, David ; Belloso Hernández, Sandra ;

Bolado Antoñanzas, Claudio ; Buitron Baylo, Piero Arístides ; Caro Garrido, Mekete ; Carrasquilla Lacueva, Nicole ; Drissi, Jamila ; Elorza Aragón, Markel Alexander ; Escribano Irisarri, Daniel ; Escribano Urzanqui, Alejandro ; Extremiana Barragán, Martina ; Ezquerro Ezquerro, Sofía ; Fernández San Miguel, Carlota ; García Medina, Alba ; García Urquiza, Emma ; Garraleta Gonzalez, Victor ; Gil Lopez, David ; González Ruiz, Adriana ; Herce Extremiana, Pilar ; Hernandez Eguizabal, Beatriz ; Hernandez Eguizabal, Mª Esther ; Herreros Palacios, Mario ; Iragüen García, Daniela ; Jabrane Nadiri, Salma ; Jiménez Mendizábal, Javier ; Lorente Álvarez, Pablo ; Lorente Cristobal, Eugenio ; Maraví Catalán, Clara ; Martínez Lorente, Ainhoa ; Martínez Martínez, Iván ; Martínez Moreno, Gonzalo ; Meneses Bernal, Jean Paul ; Moneva Ruiz, Isidro José ; Monreal Siulik, Maria Luisa ; Nava González, Raúl ; Navajas Gurrea, Ángela ; Oca Gil De Gomez, Candela ; Pardos Cordón, Samuel ; Pascual Mendizábal, Paola ; Pellejero Lacueva, Irene ; Pereira Rui, Mateus Henrique ; Pérez de Viñaspre Subero, Lucía ; Rocha Ramirez, Dayana ; Rodrigo Calderón, Andrea ; Ruiz-Alejos Sanchez, Alejandro ; Sagarduy Bonilla, Naiara ; Saidi Saidi, Ayoub ; Sainz Cemborain, Lucía ; Santolaya Malo, Marcos ; Sebastian Urdaniz, Paula ; Taipe Pilataxi, Eric Eduardo ; Toledo Galán, Daniela ; Toledo Losantos, Alejandro ; Uceda Ruiz, Sandra ; Vicioso Arnaiz, Iñaki ; Vitoria Fernández, Pilar ; Zapata Nieves, Alex Paúl.

MONTJOLY – GUYANE

École Sainte-Thérèse
Encadré par Valérie Gasquet Cherica et Stella Nardi
Auguste, Aïssatou ; Charlemagne, Noé ; Crestey Mayeur, Charles ; Duigou Pantalacci, Eloi ; Duplan, Capucine ; Eesca, Aurore ; Fievez Brandeler, Julian ; Guo, Enzo ; Le May-Lannuzel, Jean ; Lin Hi, Benjamin ; Maillet-Devouge, Louhane ; Marie, Louise ; Matillon Milienne, Tayris ; Montella-Boulate, Mattéo ; Niclas, Cyanne ; Perret-Felix, Naylan ; Prosper, Térence ; Roure, Claire ; Soudine, Sarah ; Tarin-Cochet, Cléonise ; Vaude, Khandi ; Wu, Elisa.

COLLEGNO – ITALIE

Scuola media Don Minzoni Gramsci
Encadré par Monica Brignone et Rosaria Della
Mirko, Albiero ; Alzati, Alessandro ; Beggio, Matteo ; Bella, Veronica ; Boreggio, Sara ; Catanzariti, Davide ; Ceretto G, Simone ; Destefanis,

Emma ; Di Lorenzo, Matteo ; Di Perna, Lorenzo ; Di Runi, Agnese ; Festa, Lorenzo ; Filetti, Daniel ; Gariglio, Beatrice ; Grieco, Nicole ; Iosipescu, Luca ; Lavagna, Cristian ; Lovano, Christian ; Magnati, Elide ; Mantelli, Selena ; Perdono, Stefano ; Ruzza, Simone ; Siviero, Giada ; Tarzia Manuel ; Troya, Adriano.

OLAWA – POLOGNE

Primary School N°2
Encadré par Beata Dabczak ; Beata Narolska ; Paweł Brusiło.

Borek Julia, Agata ; Danyluk Maria, Weronika ; Filuba Karolina, Malwina ; Gorzelnik Joanna, Emilia ; Hołyński Kacper, Wiktor ; Kabacik Maja, Katarzyna ; Kędys, Gabriela ; Kozina Dariusz, Aleksander ; Książczyk Julia, Katarzyna ; Sobiesiak Magdalena, Adriana ; Sobiesiak Weronika, Agnieszka ; Sosulska Zofia, Magdalena ; Turek Igor, Dariusz ; Wałcerz Blanka, Janina ; Wąsala Bartosz, Igor ; Woźny, Krystian ; Zator Piotr, Michał ; Ziobrowska, Ada.

Avec la participation de quelques élèves de Finlande et de République tchèque, encadrés respectivement par Miika Katajamaki et Irena Eibenova.

REMERCIEMENTS

Vous êtes-vous déjà demandé combien
de fois dans votre vie vous aviez
réellement dit merci ? Un vrai merci.
L'expression de votre gratitude,
de votre reconnaissance, de votre dette.

Delphine de Vigan[1]

Dans un premier temps, c'est évidemment à Anaïs que mes remerciements s'adressent. Merci de m'avoir accordé ta confiance, ouvert ta porte, de t'être investie dans ce projet au-delà du raisonnable et bien plus encore, tu le sais. Tout cela n'a pu exister ainsi que parce que c'est toi.

Merci aux enfants du Lobby de Poissy (Soujoud, Thomas, Osswa, Maélys, Sana, Houcine, Kati, Yasmin, Bilal, Elmezoir, Noemi, Rémy, Joshua, Antony et Avin) dont je chéris le rêve de vous voir grandir, devenir des adultes responsables, et savoir ce que vous allez faire de toute cette aventure. Bien entendu, je n'omets pas vos parents qui m'ont confié ce qu'ils ont de plus précieux : vous. Et je pense particulièrement à Souraya, Stéphanie, Fabrice, Ella, Gwenaëlle et Sarah.

Merci à ma formidable Dream Team de professeurs de choc à travers l'Europe qui ont su saisir ce projet, le mettre en place et devenir de merveilleux porte-parole de ce que l'éducation permet. Big up à Jens Duesling (Quimperlé), Heirani Spies (Polynésie), Tehani

1. *Les Gratitudes*, JC Lattès, 2019.

Maueau (Polynésie), Thierry Junod (Polynésie), Jelena Skupnjak (Croatie), Melita Androlic (Croatie), Anela Devovic (Suède), Susanne OsthÖvener (Allemagne), Wilfried Eloy (La Réunion), Élia Martins (Portugal), Emiltina Matos (Portugal), Isabel Marques (Portugal), Miriam Encarnação (Portugal), Teresa Cameira (Portugal), Vanda Ramalho (Portugal), Francisco Jiménez Ochoa (Espagne), Valerie Gasquet Cherica (Guyane), Monica Brignone (Italie), Rosaria Della (Italie), Beata Dabczak (Pologne), Beata Narolska (Pologne), Paweł Brusiło (Pologne), Miika Katajamaki (Finlande) et Irena Eibenova (République tchèque).

Bien entendu, tout cela n'aurait pas été rendu possible sans l'adhésion de leurs établissements scolaires. Je pense notamment à Georges Caloudis, le directeur de l'école de Montaigne de Poissy, et aux proviseurs et directeurs des établissements suivants : le collège-lycée de Bora-Bora, l'elementary school Dubrava, la Novia Engelska Skolan, Stockholm, le Altes Gymnasium Oldenburg, le lycée de Kerneuzec, le collège Plateau-Goyaves, la escola Anselmo de Andrade, colegio Santa Teresa Calahorra, l'école Sainte-Thérèse-de-Montjoly, la scuola media Don Minzoni Gramsci et Primary School N° 2.

Ma casquette de réalisatrice a pu s'appuyer sur des renforts hors pair sur la partie tant technique que personnelle. Je pense au bienveillant François Rochelle (chef opérateur) sachant me rassurer tout en me demandant de me ménager à mesure que ce projet grandissait, à Aymeric François (monteur) dont la précision n'a d'égale que la profonde gentillesse. À Marianne Barthélémy (chef opérateur/réalisatrice/photographe) qui a su comprendre que ce projet nécessitait d'être multitâches et à qui je dois les magnifiques photos de couverture, à Lucie Rémy qui a manifesté un enthousiasme débordant sur la nature du sujet, au talentueux Nicolas Béthune (chef opérateur) dont la magie des images ont retranscrit à merveille l'intensité émotionnelle de ce que nous vivions. Je pense aussi à Éric, Vincent, Hugues, Rémi.

Merci à Alexia de Beauvoir et Antoine Morand, amis et partenaires de coproduction qui ont accepté instantanément de faire partie de cette magnifique aventure y compris les risques qui vont avec.

Bien entendu, un tendre merci à Hubert Reeves, devenu LE parrain du Lobby de Poissy. Très vite, il m'a accordé sa confiance et n'a jamais été économe de son temps. Nos conversations philosophiques sont de magnifiques cadeaux qui me construisent tous les jours.

Merci à Nicolas Hulot qui en démissionnant a offert un formidable catalyseur de forces vives pour ces jeunes élèves transformés en citoyens avertis et qui a continué, sans hésiter, à suivre leur engagement.

Merci à Karima Delli, femme politique, qui non seulement respecte ses engagements mais a su voir dans les enfants du Lobby de Poissy de formidables et sérieux avocats pour la planète. Grâce à sa grande détermination la journée du 27 novembre 2019 a été encore plus belle que nos rêves les plus fous.

Un merci tout particulier à l'enthousiaste Thierry Delazzer, membre de l'équipe de Karima Delli dont la gentillesse et la souplesse m'ont permis de le compter comme formidable relais au Parlement européen.

Une telle aventure ne peut se faire sans soutien de l'ombre. Ceux qui vous entourent, vous chérissent, vous portent, vous ramassent dans les moments de doutes, vous ravitaillent quand les temps sont plus sombres, ceux qui vous interdisent par leur présence de baisser les bras devant l'ampleur de la tâche et les déconvenues, ceux qui savent reconnaître le moment de creux, avant que vous ne le sentiez. C'est à toi que je pense, Pierre-Yves, au-delà d'être le père de mes enfants, tu sais trouver les mots justes pour me redonner force et courage. Mes enfants qui, sans le savoir tout à fait, par leur inépuisable vitalité et fierté à mon égard sont ma source de vie. Ma sœur, indispensable en tout, tout le temps, toujours. Mes parents qui m'ont toujours permis de croire que tout était possible. Maintenant, eux aussi, en ont la preuve. Un immense merci à mes amies de cœur Laure et Marie, dont les encouragements permanents m'ont portée jusqu'au dernier jours de la rédaction de ce récit.

Merci à mes deux associées, Isabelle Laratte et Claire Benhaïm, qui, au-delà d'être de formidables professionnelles, sont surtout des femmes de conviction et de belles âmes.

Un merci tout particulier à quatre hommes dont la présence, les mots, les coups de main ont eu un sens de l'à-propos à la limite du paranormal. Vous êtes toujours tombés au bon moment, messieurs : Jean-Bernard Schmidt, Ludovic Vandekerckhove, Christophe Danvin, et Thomas Sotto.

Que dire de l'équipe « gestion de projet » Déclaration si ce n'est que son temps n'a pas été compté et son enthousiasme n'a jamais molli. Merci à Mikael Meunier, Julia Illenberger, Baudouin Baudru,

Christophe Préault, Caroline Devineau, Yann Aguila, Laure Joly, Anne-Eva Antonenko, Matthieu Stefani et Bérenice Bos.

Merci à tous ceux qui ont permis au Lobby de Poissy d'étendre ses compétences en favorisant de belles rencontres : François Hollande, Yann Arthus-Bertrand, Jean-Louis Étienne, Jean-Michel Blanquer, Karl Olive, Florence Granjus, Jacques Krabal, Inès Barbier, Sybil Gerbaut, Krystel Doesterlink, Manuela Lorand, Jeanne Santini, Laurent Cagna, Rumia Atai, Julie Neonakis, Sophie de Saint Blanquat, Allain Bougrain-Dubourg et Anne-Marie Ducroux.

Merci à l'équipe de France Télévisions d'avoir accepté de suivre ce projet fou sans imaginer jusqu'où il nous mènerait. Amel Cogard, Valérie Manzic, Carine Jezequel et Monika Keller. Et un merci tout particulier à Valérie Vidal, dont la présence et l'engouement pour le projet m'ont souvent permis de maintenir mon énergie.

Merci aux Éditions du Seuil de m'avoir accompagnée dans un délai impossible pour rédiger ce récit à mesure que l'histoire se déroulait. Ma gratitude va pour mon éditrice Sophie Lhuillier, qui m'a offert une première expérience d'écriture douce, à l'écoute et bienveillante. Merci à Séverine Nikel et Adrien Bosc pour la confiance.

Et je ne pouvais clore cette longue liste sans remercier ceux qui dans mes tempêtes savent déchirer les ciels orageux pour que perce une nouvelle lumière : Romain Gary, Albert Camus, Louise Weiss, Hannah Arendt, Victor Hugo, Laurent Gaudé, Daniel Balavoine, Izia Higelin, Françoise Giroud, Erin Brockovich.

TABLE

Imprimé sur du papier blanchi sans chlore recyclé à 100 %
pour l'intérieur et à 80 % pour la couverture

RÉALISATION : NORD COMPO À VILLENEUVE-D'ASCQ
IMPRESSION : NORMANDIE-ROTO IMPRESSION S.A.S. À LONRAI
DÉPÔT LÉGAL : MARS 2020. N° 144831 (2000169)
Imprimé en France